电工技能实训

主　编　倪秋萍

副主编　求秋音　姜　冬　王利红

www.waterpub.com.cn

·北京·

内 容 提 要

本书以能力为本位，贴近实际工作过程，注重与新知识和新技能相结合，侧重于学生实践能力的培养。全书共 3 章，内容包括常用低压电器安装检测与电气规范、三相异步电动机的基本控制线路、常用生产机械的电气控制线路及其故障排除。本书将理论与实践有机结合，内容系统全面、图文并茂、实操性较强。

本书可作为中职院校电工类专业师生的培训教材，还可作为从事电工行业人员的参考书。

图书在版编目（CIP）数据

电工技能实训 / 倪秋萍主编. -- 北京 ： 中国水利水电出版社，2024. 6. -- ISBN 978-7-5226-2547-8

Ⅰ．TM

中国国家版本馆CIP数据核字第20241QZ852号

书　名	**电工技能实训** DIANGONG JINENG SHIXUN
作　者	主　编　倪秋萍 副主编　求秋音　姜　冬　王利红
出版发行	中国水利水电出版社 （北京市海淀区玉渊潭南路 1 号 D 座　100038） 网址：www.waterpub.com.cn E‐mail：sales@mwr.gov.cn 电话：（010）68545888（营销中心）
经　售	北京科水图书销售有限公司 电话：（010）68545874、63202643 全国各地新华书店和相关出版物销售网点
排　版	中国水利水电出版社微机排版中心
印　刷	清淞永业（天津）印刷有限公司
规　格	184mm×260mm　16 开本　7.75 印张　215 千字
版　次	2024 年 6 月第 1 版　2024 年 6 月第 1 次印刷
印　数	0001—1500 册
定　价	**35.00 元**

凡购买我社图书，如有缺页、倒页、脱页的，本社营销中心负责调换

　　党的二十大报告中强调，我们要坚持教育优先发展，加快建设教育强国、科技强国、人才强国，坚持为党育人、为国育才。为了更好地适应全国中职院校电工类专业的教学要求，全面提升教学质量，本教材在充分调研企业生产和学校教学情况、广泛听取教师使用反馈意见的基础上，吸收和借鉴各地技工院校教学改革的成功经验，对现有电工类专业通用教材进行了编写。

　　本教材内容分为3章：第1章介绍常用低压电器及其安装、检测与维修；第2章介绍电动机的基本控制线路及其安装、调试与维修；第3章介绍常用生产机械的电气控制线路及其安装、调试与维修。本教材以能力为本位，注重实践能力的培养，突出职业教育的特色，在编写方式上采用任务驱动模式，使内容更加符合学生的认知规律。

　　本教材具有以下几个特点：

　　1. 学习要求明确：本教材根据最新的国家标准、行业标准编写，保证教材的科学性和规范性，提出了明确的学习要求，帮助学生打好基础。

　　2. 知识同步指导：本教材首先将知识化整为零，然后对各章节的知识点进行指导，并根据本课程在行业中的新应用适度拓展深度和广度。

　　3. 内容完整：教材围绕本课程的重点、难点和考点，内容翔实、系统且全面。

　　本教材由倪秋萍主编，姜冬副主编，在编写过程中也得到了绍兴职业教育中心学校（绍兴技师学院）领导及同事们的大力支持，在此向他们表示诚挚的感谢。

　　由于编者水平有限，书中难免有不妥之处，敬请专家和读者批评指正。

编者

2024.5

目录

第1章 常用低压电器安装检测与电气规范

1.1 低压电器的基础知识

低压电器是指使用在交流额定电压 1200V、直流额定电压 1500V 及以下的电路中，根据外界施加的信号和要求，通过手动或自动的方式，断续或连续地改变电路参数，以实现对电路或非电对象的切换、控制、检测、保护、变换和调节的电器。

低压电器广泛应用在工业、农业、交通、国防及人们日常生活中，低压供电的输送、分配和保护是依靠刀开关、自动开关以及熔断器等低压电器来实现的。而低压电力的使用则是将电能转换为其他能量，其过程中的控制、调节和保护都是依靠各类接触器和继电器等低压电器来完成的。无论是低压供电系统还是控制生产过程的电力拖动控制系统，均是由用途不同的各类低压电器所组成。

1.1.1 低压电器的分类

低压电器的种类繁多，按其结构、用途及所控制对象的不同，可以有不同的分类方式，常用的有以下三种分类方式。

1. 按用途和控制对象分类

按用途和控制对象不同，可将低压电器分为配电电器和控制电器。

（1）用于低压电力网的配电电器。这类电器包括刀开关、转换开关、空气断路器和熔断器等。对配电电器的主要技术要求是断流能力强、限流效果好，在系统发生故障时保护动作准确、工作可靠；有足够的热稳定性和动稳定性。

（2）用于电力拖动及自动控制系统的控制电器。这类电器包括接触器、启动器和各种控制继电器等。对控制电器的主要技术要求是操作频率高、寿命长，有相应的转换能力。

2. 按操作方式分类

按操作方式不同，可将低压电器分为自动电器和手动电器。

（1）自动电器。通过电磁（或压缩空气）操作来完成接通、分断、启动、反向和停止等动作的电器称为自动电器。常用的自动电器有接触器、继电器等。

（2）手动电器。通过人力做功直接操作来完成接通、分断、启动、反向和停止等动作的电器称为手动电器。常用的手动电器有刀开关、转换开关和主令电器等。

3. 按工作原理分类

按工作原理可将低压电器分为非电量控制电器和电磁式电器。

（1）非电量控制电器。电器的工作是靠外力或某种非电物理量的变化而动作的电器，如行程开关、按钮、速度继电器、压力继电器和温度继电器等。

（2）电磁式电器。根据电磁感应原理来工作的电器，如接触器、各类电磁式继电器等。电磁式电器在低压电器中占有十分重要的地位，在电气控制系统中应用最为普遍。

另外，低压电器按工作条件还可划分为一般工业电器、船用电器、化工电器、矿用电器、牵引电器及航空电器等几类，对不同类型低压电器的防护形式，耐潮湿、耐腐蚀、抗冲击等性能的要求不同。

1.1.2 电磁式低压电器的基本知识

在结构上，电器一般都具有两个基本组成结构，即检测部分和执行部分。检测部分接受外界输入的信号，通过转换、放大与判断做出一定的反应，使执行部分动作，输出相应的指令，实现控制的目的。对于有触点的电磁式电器，检测部分是电磁机构，执行部分是触头系统。

1.1.2.1 电磁机构

电磁机构由吸引线圈、铁芯和衔铁组成，其结构形式按衔铁的运动方式可分为直动式和拍合式。图1.1是直动式和拍合式电磁机构的常用结构形式，图1.1（a）、（c）所示为直动式电磁机构，图1.1（b）所示为拍合式电磁机构。

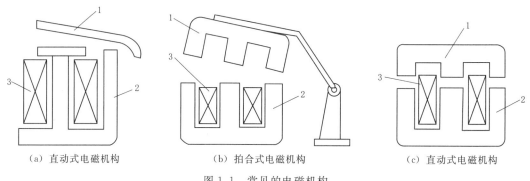

(a) 直动式电磁机构　　　　　(b) 拍合式电磁机构　　　　　(c) 直动式电磁机构

图1.1 常见的电磁机构

1—衔铁；2—铁芯；3—吸引线圈

吸引线圈的作用是将电能转换为磁能，即产生磁通，衔铁在电磁吸力作用下产生机械位移使铁芯吸合。根据线圈在电路中的连接方式可分为串联线圈（即电流线圈）和并联线圈（即电压线圈）。串联（电流）线圈串接在线路中，流过的电流大，为减小对电路的影响，线圈的导线粗、匝数少，线圈的阻抗较小。并联（电压）线圈并联在线路上，为减少分流作用，降低对原电路的影响，需要较大的阻抗，因此线圈的导线细且匝数多。

1. 直流电磁铁和交流电磁铁

按吸引线圈所通电流性质的不同，电磁铁可分为直流电磁铁和交流电磁铁。

直流电磁铁由于通入的是直流电，其铁芯不发热，只有线圈发热，因此，线圈与铁芯接触以利散热，线圈做成无骨架、高而薄的瘦高型，以改善线圈自身散热。铁芯和衔铁由软钢和工程纯铁制成。

交流电磁铁由于通入的是交流电，铁芯中存在磁滞损耗和涡流损耗，这样线圈和铁芯都发热，所以交流电磁铁的吸引线圈设有骨架，使铁芯与线圈隔离并将线圈制成短而厚的矮胖型，这样做有利于铁芯和线圈的散热。铁芯用硅钢片叠加而成，以减少涡流损耗。

电磁铁工作时，线圈产生的磁通作用于衔铁，产生电磁吸力，并使衔铁产生机械位移。衔铁在复位弹簧的作用下复位，衔铁回到原位。因此，作用在衔铁上的力有两个：电磁吸力与反力。电磁吸力由电磁机构产生，反力则由复位弹簧和触头弹簧所产生。铁芯吸合时要求电磁吸力大于反力，即衔铁位移的方向与电磁吸力方向相同；衔铁复位时要求反力大于电磁吸力。直流电磁铁的电磁吸力公式为

$$F = 4B^2 S \times 10^5 \tag{1.1}$$

式中　F——电磁吸力，N；

　　　B——气隙磁感应强度，T；

　　　S——磁极截面积，m^2。

由式（1.1）知：当线圈中通以直流电时，B 不变，F 为恒值。当线圈中通以交流电时，磁感应强度为交变量，即

$$B = B_m \sin \omega t \tag{1.2}$$

由式（1.1）和式（1.2）可得

$$F = 4B^2 S \times 10^5$$
$$= 4S \times 10^5 B_m^2 \sin^2 \omega t$$
$$= 2B_m^2 S (1 - \cos^2 \omega t) \times 10^5$$
$$= 2B_m^2 S \times 10^5 - 2B_m^2 S \times 10^5 \cos^2 \omega t \tag{1.3}$$

由式（1.3）可知：交流电磁铁的电磁吸力在 0（最小值）～F_m（最大值）之间变化，其吸力曲线如图 1.2 所示。在一个周期内，当电磁吸力的瞬时值大于反力时，铁芯吸合；当电磁吸力的瞬时值小于反力时，铁芯释放。所以电源电压变化一个周期，电磁铁吸合两次、释放两次，使电磁机构产生剧烈的振动和噪声，因而不能正常工作。

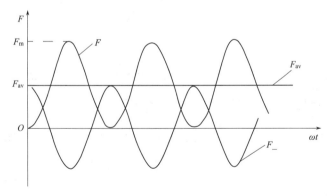

图 1.2　交流电磁铁吸力变化情况

F—交流电磁吸力；F_m—最大吸力；F_{av}—平均吸力；F_-—电磁吸力的交变分量

2. 短路环的作用

为了消除交流电磁铁产生的振动和噪声，在铁芯的端面开一小槽，在槽内嵌入铜制短路环，如图 1.3 所示。加上短路环后，磁通被分成大小相近、相位相差约 90° 电角度的两相磁通 Φ_1 和 Φ_2，因此两相磁通不会同时为零。由于电磁吸力与磁通的平方成正比，所以

由两相磁通产生的合成电磁吸力较为平坦，在电磁铁通电期间电磁吸力始终大于反力，使铁芯牢牢吸合，这样就消除了振动和噪声。

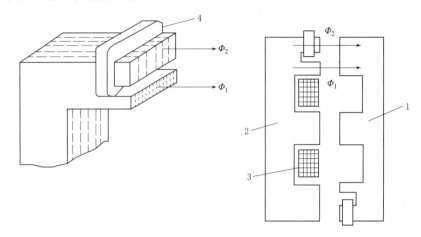

图 1.3　交流电磁铁的短路环

1—衔铁；2—铁芯；3—线圈；4—短路环

1.1.2.2　触头系统

触头是电磁式电器的执行部分，电器就是通过触头的动作来分合被控制的电路。触头在闭合状态下动、静触点完全接触，并有工作电流通过时，称为电接触。电接触的情况将影响触头的工作可靠性和使用寿命。影响电接触工作情况的主要因素是触头的接触电阻，接触电阻大时，易使触头发热而温度升高，从而易使触头产生熔焊现象，这样既影响工作可靠性，又缩短了触头的寿命。触头的接触电阻不仅与触头的接触形式有关，而且与接触压力、触头材料及表面状况有关。

触头主要有两种结构形式：桥式触头和指形触头，如图 1.4 所示。

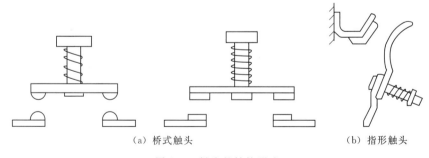

（a）桥式触头　　　　　　　　　（b）指形触头

图 1.4　触头的结构形式

触点的接触形式有点接触、线接触和面接触三种，如图 1.5 所示。

当动、静触点闭合后，不可能是全部紧密地接触，从微观来看，只是在一些突出的凸起点存在着有效接触，从而造成了从一个导体到另外一个导体的过渡区域。在过渡区域里，电流只通过一些相接触的凸起点，因而使这个区域的电流密度大大增加。另外，由于只是一些凸起点相接触，使有效导电面积减少，因此该区域的电阻远远大于金属导体的电阻。这种由于动、静触点闭合时在过渡区域所形成的电阻，称为接触电阻。接触电阻的存在，不仅会造成一定的电压损失，还会使铜耗增加，造成触点温升超过允许值。这样，触点在较高的温度下很容易产生熔焊现象而使触点工作不可靠。因此，在实际中，应采取相应措施来减少接触电阻，限制触头的温升。

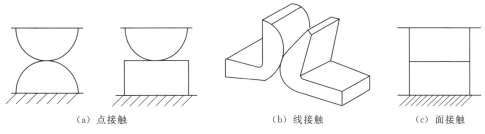

（a）点接触　　　　　　　　（b）线接触　　　　　　　（c）面接触

图 1.5　触点的接触形式

1.1.2.3　电弧与灭弧方法

触点在通电状态下动、静触点脱离接触时，由于电场的存在，触点表面的自由电子大量溢出而产生电弧。电弧的存在既烧损触点金属表面、缩短电器的寿命，又延长了电路的分断时间，所以须采取一定的措施使电弧迅速熄灭。

常用的灭弧方法有增大电弧长度、冷却弧柱、把电弧分成若干短弧等。灭弧装置就是根据这些原理设计的。

1. **电动力灭弧**

电动力灭弧如图 1.6 所示。桥式触点在分断时本身就具有电动力灭弧功能，不用任何附加装置，便可使电弧迅速熄灭。这种灭弧方法多用于小容量交流接触器中。

2. **磁吹灭弧**

在触点电路中串入吹弧线圈，如图 1.7 所示。该线圈产生的磁场由导磁夹板引向触点周围，其方向由右手定则确定（为图中×所示）。触点间的电弧所产生的磁场，其方向为⊙所示。这两个磁场在电弧下方方向相同（叠加），在弧柱上方方向相反（相减），所以弧柱下方的

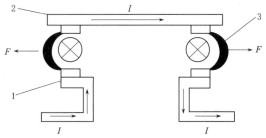

图 1.6　电动力灭弧

1—静触头；2—动触头；3—电弧

磁场强于上方的磁场。在下方磁场作用下，电弧受力因受力被吹离触点，经引弧角引进灭弧罩，使电弧熄灭。

3. **栅片灭弧**

灭弧栅是一组薄铜片，它们彼此相互绝缘，如图 1.8 所示。当电弧进入栅片被分割成一段段串联的短弧，而栅片就是这些短弧的电极。每两片灭弧片之间都有 150～250V 的绝缘强度，使整个灭弧栅的绝缘强度大大增强，以致外加电压无法维持，电弧迅速熄灭。此外，栅片还能吸收电弧热量，使电弧迅速冷却。

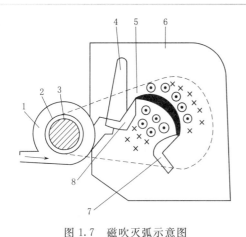

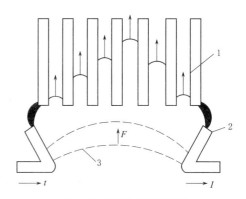

图 1.7　磁吹灭弧示意图

1—磁吹线圈；2—绝缘套；3—铁芯；4—引弧角；

5—导磁夹板；6—灭弧罩；7—动触点；8—静触点

图 1.8　栅片灭弧示意图

1—灭弧栅片；2—触点；3—电弧

基于上述原因，电弧进入栅片后就会很快熄灭。由于栅片灭弧装置的灭弧效果在交流时要比直流时强得多，因此在交流电器中常采用栅片灭弧。

1.2　刀　开　关

刀开关是低压配电电器中结构最简单、应用最广泛的电器，主要用在低压成套配电装置中，作为不频繁地手动接通和分断交直流电路或作为隔离开关用。也可以用于不频繁地接通与分断额定电流以下的负载，如小型电动机等。

1.2.1　刀开关的结构

刀开关的典型结构如图 1.9 所示，它由手柄、触刀、静插座和绝缘底板组成。

刀开关按极数分为单极、双极和三极；按操作方式分为直接手柄操作式、杠杆操作机构式和电动操作机构式；按刀开关转换方向分为单投和双投等。

1.2.2　常用的刀开关

目前，常用的刀开关型号有 HD（单投）和 HS（双投）等系列。其中 HD 系列刀开关按现行新标准应该称 HD 系列刀形隔离器，而 HS 系列为双投刀形转换开关。在 HD 系列中，HD11、HD12、HD13、HD14 为老型号，HD17 系列为新型号，产品结构基本相同，功能相同。

HD 系列刀开关、HS 系列刀形转换开关，主要用于交流 380V、50Hz 电力网路中作为电源隔离或电流转

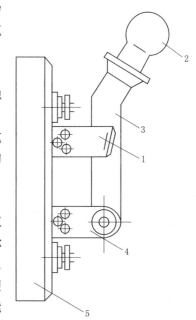

图 1.9　刀开关的典型结构

1—静插座；2—手柄；3—触刀；

4—铰链支座；5—绝缘底板

换之用，是电力网路中必不可少的电器元件，常用于各种低压配电柜、配电箱、照明箱中。当电源一进入首先是接刀开关，之后再接熔断器、断路器、接触器等其他电器元件，以满足各种配电柜、配电箱的功能要求。当其以下的电器元件或线路中出现故障，切断隔离电源就靠它来实现，以便实现对设备、电器元件的修理更换。HS 刀形转换开关，主要用于转换电源，即当一路电源不能供电，需要另一路电源供电时就由它来进行转换，当转换开关处于中间位置时，可以起隔离作用。

刀开关的型号及其含义如图 1.10 所示。

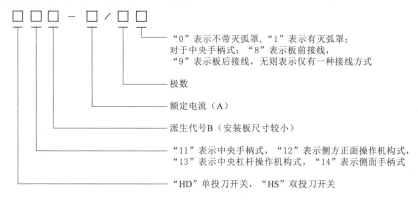

图 1.10　刀开关的型号及其含义

为了使用方便和减小体积，在刀开关上安装熔丝或熔断器，组成兼有通断电路和保护作用的开关电器，如胶盖刀开关、熔断器式刀开关等。

HD17 系列刀开关的主要技术参数见表 1.1。

表 1.1　　　　　　　　　　　HD17 系列刀开关的主要技术参数

额定电流/A	通断能力/A			在 AC 380V 和 60％额定电流时，刀开关的电气寿命/次	电动稳定性电流峰值/kA	1s 热稳定性电流/kA
	AC 380V $\cos\varphi=0.72\sim0.8$	DC				
		220V	440V			
		$T=0.01\sim0.011\text{s}$				
200	200	200	100	1000	30	10
400	400	400	200	1000	40	20
600	600	600	300	500	50	25
1000	1000	1000	500	500	60	30
1500	—	—	—	—	80	40

1.2.3　胶盖刀开关

胶盖刀开关即开启式负荷开关，适用于交流 50Hz，额定电压单相 220V、三相 380V，额定电流最高至 100A 的电路中，作为不频繁地接通和分断有负载电路与小容量线路的短路保护之用。其中三极开关适当降低容量后，可作为小型感应电动机手动不频繁操作的直接启动及分断用。常用的有 HK1 系列和 HK2 系列。

HK2 系列开启式负荷开关的主要技术参数列于表 1.2。

表 1.2   HK2 系列开启式负荷开关的主要技术参数

型号规格	额定电压/V	极数	额定电流/A	型号规格	额定电压/V	极数	额定电流/A
HK2－100/3	380	3	100	HK2－60/2	220	2	60
HK2－60/3	380	3	60	HK2－30/2	220	2	30
HK2－30/3	380	3	30	HK2－15/2	220	2	15
HK2－15/3	380	3	15	HK2－10/2	220	2	10

1.2.4 熔断器式刀开关

熔断器式刀开关即熔断器式隔离开关，是以熔断体或带有熔断体的载熔件作为动触点的一种隔离开关。常用的型号有 HR3 系列、HR5 系列、HR6 系列，主要用于额定电压 AC 660V（45～62Hz），额定发热电流至 630A 的具有高短路电流的配电电路和电动机电路中，作为电源开关、隔离开关和应急开关，并作为电路保护之用，但一般不作为直接开关单台电动机之用。HR5、HR6 熔断器式隔离开关中的熔断器为 NT 型低压高分断型熔断器。NT 型熔断器系引进德国 AEG 公司制造技术生产的产品。

若 HR5 系列、HR6 系列配有熔断撞击器的熔断体，那么当某极熔断体熔断时，撞击器就会弹出使辅助开关发出信号，以实现断相保护。

熔断器式刀开关的型号及其含义如图 1.11 所示。

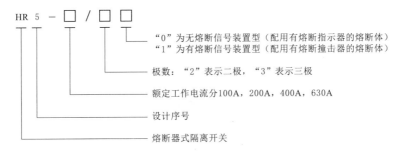

图 1.11   熔断器式刀开关的型号及其含义

HR5 系列熔断器式隔离开关的主要技术参数见表 1.3。

表 1.3   HR5 系列熔断器式隔离开关的主要技术参数

额定工作电压/V	380		660	
约定发热电流/A	100	200	400	630
熔体电流值/A	4～160	80～250	125～400	315～630
熔断体号	00	1	2	3

另外，还有封闭式负荷开关即铁壳开关，常用的型号为 HH3 系列、HH4 系列，适用于额定工作电压 380V、额定工作电流至 400A、频率 50Hz 的交流电路中，可作为手动不频繁地接通、分断有负载的电路，并有过载和短路保护作用。

1.2.5 刀开关的选用及图形、文字符号

刀开关的额定电压应不小于电路额定电压。其额定电流应等于（在开启和通风良好的

场合）或稍大于（在封闭的开关柜内或散热条件较差的工作场合，一般选 1.15 倍）电路工作电流。在开关柜内使用还应考虑操作方式，如杠杆操作机构、旋转式操作机构等。当用刀开关控制电动机时，其额定电流要大于电动机额定电流的 3 倍。

刀开关的图形符号及文字符号如图 1.12 所示。

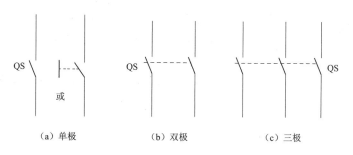

（a）单极　　　　　（b）双极　　　　　（c）三极

图 1.12　刀开关的图形符号及文字符号

1.3　组　合　开　关

组合开关又称转换开关，也是一种刀开关。不过它的刀片（动触片）是转动式的，比刀开关轻巧，而且组合性强，能组成各种不同的线路。

组合开关有单极、双极和三极之分，由若干个动触点及静触点分别装在数层绝缘件内组成，动触点随手柄旋转而变更其通断位置。顶盖部分是由滑板、凸轮、扭簧及手柄等零件构成操作机构。由于该机构采用了扭簧储能结构，从而能快速闭合及分断开关，使开关闭合和分断的速度与手动操作无关，提升了产品的通断能力。其结构示意图如图 1.13 所示。由图可知，静止时虽然触点位置不同，但当手柄转动 90°时，三对动、静触点均闭合，接通电路。

常用的组合开关有 HZ5 系列、HZ10 系列和 HZW（3LB、3ST1）系列。其中 HZW 系列主要用于三相异步电动机带负荷启动、转向以及作主电路和辅助电路转换之用，可全面代替 HZ10 系列、HZ12 系列、LW5 系列、LW6 系列、HZ2－S 系列等转换开关。

HZW1 开关采用组合式结构，由定位、限位系统，接触系统及面板手柄等组成。接触系统采用桥式双断点

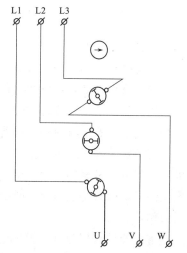

图 1.13　组合开关结构示意图

结构。绝缘基座分为 1～10 节共 10 种，定位系统采用棘爪式结构，可获得 360°旋转范围内 90°、60°、45°、30°定位，相应实现 4 位、6 位、8 位、12 位的开关状态。

组合开关的型号及其含义如图 1.14 所示。HZ10 系列组合开关的主要技术参数列于表 1.4。组合开关的图形和文字符号如图 1.15 所示。

表 1.4　　　　　　　　　　　　HZ10 系列组合开关的主要技术参数

型　号	用　途	AC/A		DC/A		次数
		接通	断开	接通	断开	
HZ10 - 10（1, 2, 3 极）	做配电电器用	10	10	10		10000
HZ10 - 25（2, 3 极）		25	25	25		15000
HZ10 - 60（2, 3 极）	做控制交流电动机用	60	60	60		5000
HZ10 - 10（3 极）		60	10			5000
HZ10 - 25（3 极）		150	25			

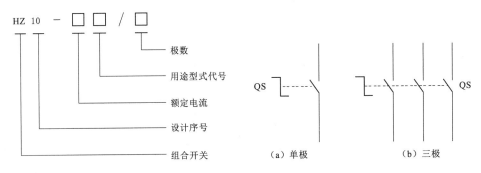

图 1.14　组合开关的型号及其含义　　　图 1.15　组合开关的图形和文字符号

1.4　熔　断　器

　　熔断器是一种被广泛应用的简单有效的保护电器，在电路中用于过载与短路保护。其具有结构简单、体积小、重量轻、使用维护方便、价格低廉等优点。熔断器的主体是低熔点金属丝或金属薄片制成的熔体，串联在被保护的电路中。在正常情况下，熔体相当于一根导线，当发生短路或过载时，电流很大，熔体因过热熔化而切断电路。

1.4.1　熔断器的结构和工作原理

　　熔断器主要由熔体（俗称保险丝）和安装熔体的熔管（或熔座）组成。熔体是熔断器的主要部分，其材料一般由熔点较低、电阻率较高的金属材料铝锑合金丝、铅锡合金丝和铜丝制成。熔管是装熔体的外壳，由陶瓷、绝缘钢纸或玻璃纤维制成，在熔体熔断时兼有灭弧作用。

　　熔断器的熔体与被保护的电路串联，当电路正常工作时，熔体允许通过一定大小的电流而不熔断。当电路发生短路或严重过载时，熔体中流过很大的故障电流，当电流产生的热量达到熔体的熔点时，熔体熔断切断电路，从而达到保护电路的目的。

　　电流流过熔体时产生的热量与电流的平方和电流通过的时间成正比，因此，电流越大，则熔体熔断的时间越短。这一特性称为熔断器的保护特性（或安秒特性），如图 1.16 所示。

　　熔断器的安秒特性为反时限特性，即短路电流越大，熔断时间越短，这样就能满足短路保护的要求。由于熔断器对过载反应不灵敏，因此其不宜用于过载保护，主要用于短路保护。

表 1.5 为某熔体安秒特性数值关系。

1.4.2　熔断器的分类

熔断器的类型很多，按结构形式可分为插入式熔断器、螺旋式熔断器、封闭管式熔断器、快速熔断器和自复式熔断器等。

1. 插入式熔断器

常用的插入式熔断器有 RC1A 系列，其结构如图 1.17 所示。它由瓷盖、瓷座、触头和熔丝四部分组成。由于其结构简单、价格便宜、更换熔体方便，因此广泛应用于 380V 及以下的配电线路末端作为电力、照明负荷的短路保护。

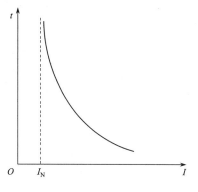

图 1.16　熔断器的保护特性

表 1.5　　　　　　　　　某熔体安秒特性数值关系

熔体通过电流/A	$1.25I_N$	$1.6I_N$	$1.8I_N$	$2.0I_N$	$2.5I_N$	$3I_N$	$4I_N$	$8I_N$
熔断时间/s	∞	3600	1200	40	8	4.5	2.5	1

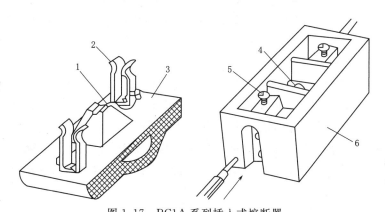

图 1.17　RC1A 系列插入式熔断器

1—熔丝；2—动触头；3—瓷盖；4—空腔；5—静触头；6—瓷座

2. 螺旋式熔断器

常用的螺旋式熔断器是 RL1 系列，其外形与结构如图 1.18 所示，由瓷座、瓷帽和熔断管组成。熔断管上有一个标有颜色的熔断指示器，当熔体熔断时，熔断指示器会自动脱落，显示熔丝已熔断。

在装接使用时，电源线应接在下接线座，负载线应接在上接线座，这样在更换熔断管时（旋出瓷帽），金属螺纹壳的上接线座便不会带电，保证维修者安全。它多用于机床配线中做短路保护。

3. 封闭管式熔断器

封闭管式熔断器主要用于负载电流较大的电力网络或配电系统中，熔体采用封闭式结构，一是可防止电弧的飞出和熔化金属的滴出；二是在熔断过程中，封闭管内将产生大量的气体，使管内压力升高，从而使电弧因受到剧烈压缩而很快熄灭。封闭式熔断器有无填料式和有填料式两种，常用的型号有 RM10 系列、RT0 系列。

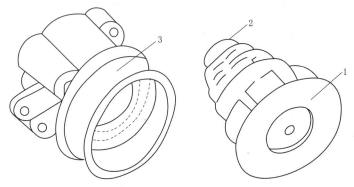

图 1.18　螺旋式熔断器

1—瓷帽；2—熔断管；3—瓷座

4. 快速熔断器

快速熔断器是在 RL1 系列螺旋式熔断器的基础上，为保护可控硅半导体元件而设计的，其结构与 RL1 系列完全相同。常用的型号有 RLS 系列、RSO 系列等，RLS 系列主要用于小容量可控硅元件及其成套装置的短路保护；RSO 系列主要用于大容量晶闸管元件的短路保护。

5. 自复式熔断器

RZ1 型自复式熔断器是一种新型熔断器，其结构如图 1.19 所示，它采用金属钠作熔体。在常温下，钠的电阻很小，允许通过正常工作电流。当电路发生短路时，短路电流产生高温使钠迅速气化，气态钠电阻变得很高，从而限制了短路电流。当故障消除时，温度下降，气态钠又变为固态钠，恢复其良好的导电性。其优点是动作快，能重复使用，无须备用熔体。其缺点是它不能真正分断电路，只能利用高阻闭塞电路，故常与自动开关串联使用，以提升组合分断性能。

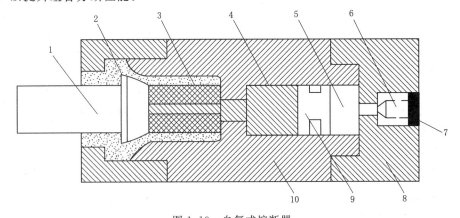

图 1.19　自复式熔断器

1—进线端子；2—特殊玻璃；3—瓷芯；4—溶体；5—氩气；6—螺钉；7—软铅；
8—出线端子；9—活塞；10—套管

1.4.3 熔断器的选择

在选用熔断器时，应根据被保护电路的需要，首先确定熔断器的型式，然后选择熔体的规格，再根据熔体确定熔断器的规格。

1. 熔断器类型的选择

选择熔断器的类型时，主要根据线路要求、使用场合、安装条件、负载要求的保护特性和短路电流的大小等来选择。电网配电一般用封闭管式熔断器，电动机保护一般用螺旋式熔断器，照明电路一般用插入式熔断器，保护可控硅元件则应选择快速熔断器。

2. 熔断器额定电压的选择

熔断器的额定电压不小于线路的工作电压。

3. 熔断器熔体额定电流的选择

（1）对于变压器、电炉和照明等负载，熔体的额定电流 I_{fN} 应略大于或等于负载电流 I。即

$$I_{fN} \geqslant I \tag{1.4}$$

（2）保护一台电机时，考虑启动电流的影响，可按式（1.5）选择：

$$I_{fN} \geqslant (1.5 \sim 2.5)I_N \tag{1.5}$$

式中　I_N——电动机额定电流，A。

（3）保护多台电机时，可按式（1.6）计算：

$$I_{fN} \geqslant (1.5 \sim 2.5)I_{N\,max} + \sum I_N \tag{1.6}$$

式中　$I_{N\,max}$——容量最大的一台电动机的额定电流；

　　　　$\sum I_N$——其余电动机额定电流之和。

4. 熔断器额定电流的选择

熔断器的额定电流必须不小于所装熔体的额定电流。

熔断器型号的含义和电气符号如图 1.20 所示。

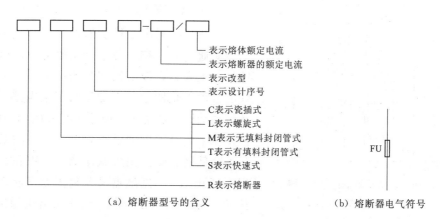

（a）熔断器型号的含义　　　　（b）熔断器电气符号

图 1.20　熔断器型号的含义和电气符号

1.5　接　触　器

1.5.1　接触器的作用与分类

接触器是一种用来自动地接通或断开大电流电路的电器。大多数情况下，其控制对象是电动机，也可用于其他电力负载，如电热器、电焊机、电炉变压器等。接触器不仅能自动地接通和断开电路，还具有控制容量大、低电压释放保护、寿命长、能远距离控制等优点，所以在电气控制系统中应用十分广泛。

接触器的触点系统可以用电磁铁、压缩空气或液体压力等驱动，因而可分为电磁式接触器、气动式接触器和液压式接触器，其中以电磁式接触器应用最为广泛。根据接触器主触点通过电流的种类，可分为交流接触器和直流接触器。

1.5.2　接触器的结构和工作原理

电磁式接触器的主要结构包括以下方面。

1. 电磁机构

电磁机构由线圈、铁芯和衔铁组成。

2. 主触点和熄弧系统

根据主触点的容量大小，可分为桥式触点和指形触点。直流接触器和电流 20A 以上的交流接触器均装有熄弧罩，有的还带有栅片或磁吹熄弧装置。

3. 辅助触点

辅助触点有常开辅助触点和常闭辅助触点，在结构上它们均为桥式双断点。

辅助触点的容量较小。接触器安装辅助触点的目的是其在控制电路中起联动作用。辅助触点不装设灭弧装置，所以它不能用来分合主电路。

4. 反力装置

反力装置由释放弹簧和触点弹簧组成，且均不能进行弹簧松紧的调节。

5. 支架和底座

支架和底座用于接触器的固定和安装。当接触器线圈通电后，在铁芯中产生磁通。由此在衔铁气隙处产生吸力，使衔铁产生闭合动作，主触点在衔铁的带动下也闭合，于是接通了主电路。同时衔铁还带动辅助触点动作，使原来打开的辅助触点闭合，而使原来闭合的辅助触点打开。当线圈断电或电压显著降低时，吸力消失或减弱，衔铁在释放弹簧作用下打开，主、副触点又恢复到原来状态。这就是接触器的工作原理。图 1.21 为交流接触器的结构剖面图。

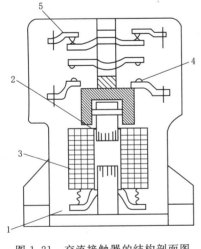

图 1.21　交流接触器的结构剖面图

1—铁芯；2—衔铁；3—线圈；
4—常开触点；5—常闭触点

1.5.3 接触器的主要技术数据

1. 额定电压

接触器铭牌上标注的额定电压是指主触点的额定电压。交流接触器常用的额定电压等级为220V、380V、660V；直流接触器常用的额定电压等级为220V、440V、660V。

2. 额定电流

接触器铭牌上标注的额定电流是指主触点的额定电流。其值是接触器安装在敞开式控制屏上，触点工作不超过额定温升，负荷为间断-长期工作制时的电流值。交流接触器常用的额定电流等级为10A、20A、40A、60A、100A、150A、250A、400A、600A；直流接触器常用的额定电流等级为40A、80A、100A、150A、250A、400A、600A。

3. 线圈的额定电压

线圈的额定电压指接触器电磁线圈正常工作的电压值。常用的交流线圈额定电压等级为127V、220V、380V；直流线圈额定电压等级为110V、220V、440V。

4. 接通和分断能力

接触器的接通和分断能力是指主触点在规定条件下能可靠地接通和分断的电流值。在此电流值下，接通时主触点不应发生熔焊；分断时主触点不应发生长时间燃弧。若超出此电流值，其分断则是熔断器、自动开关等保护电器的任务。

根据接触器的使用类别不同，对主触点接通和分断能力的要求也不一样，而不同类别的接触器是根据其不同控制对象（负载）的控制方式所规定的。根据低压电器基本标准的规定，其使用类别比较多。但在电力拖动控制系统中，常见接触器使用类别及其典型用途见表1.6。

表1.6 　　　　　　　　　　　常见接触器使用类别及其典型用途

电流种类	使用类别	典型用途
AC 交流	AC1	无感或微感负载、电阻炉
	AC2	绕线式电动机的启动和中断
	AC3	笼型电动机的启动和中断
	AC4	笼型电动机的启动、反接制动、反向和点动
DC 直流	DC1	无感或微感负载、电阻炉
	DC2	并励电动机的启动、反接制动、反向和点动
	DC3	串励电动机的启动、反接制动、反向和点动

接触器的使用类别代号通常标注在产品的铭牌或工作手册中。表1.6中要求接触器主触点达到的接通和分断能力为：AC1和DC1类允许接通和分断额定电流，AC2、DC3和DC5类允许接通和分断4倍的额定电流，AC3类允许接通6倍的额定电流和分断额定电流，AC4类允许接通和分断6倍的额定电流。

5. 额定操作频率

额定操作频率指每小时的操作次数。交流接触器最高为600次/h，而直流接触器最高为1200次/h。操作频率直接影响到接触器的电寿命和灭弧罩的工作条件，对于交流接触器还影响到线圈的温升。

6. 机械寿命和电气寿命

机械寿命是指接触器在需要修理或更换机械零件前所能承受的无载操作循环次数；电气寿命是在规定的正常工作条件下，接触器不需修理或更换零件的负载操作循环次数。

常见接触器有 CJ12 系列、CJ20 系列、CJX1 系列和 CJX2 系列。其中 CJ20 系列是较新的产品，CJX1 系列是从德国西门子公司引进技术制造的新型接触器，性能等同于西门子公司 3TB、3TF 系列产品。CJX1 系列接触器适用于交流 50Hz 或 60Hz、电压至 660V、额定电流至 630A 的电路中，做远距离接通及分断电路，并适用于频繁地启动及控制交流电动机。经加装机械联锁机构后组成 CJX1 系列可逆接触器，可控制电动机的启动、停止及反转。

CJX2 系列交流接触器参照法国 TE 公司 LC1 – D 产品开发制造的，其结构先进、外形美观、性能优良、组合方便、安全可靠。本产品主要用于交流 50Hz（或 60Hz）660V 以下的电路中，在 AC3 使用类别下额定工作电压为 380V，额定工作电流至 95A 的电路中，供远距离接通和分断电路使用于频繁地启动和控制交流电动机。也能在适当降低控制容量及操作频率后用于 AC4 使用类别。

1.5.4 接触器的选用

1. 接触器类型选择

接触器的类型应根据负载电流的类型和负载的轻重来选择，负载电流的类型即交流负载或直流负载。负载的轻重即轻负载、一般负载或重负载。

2. 主触头额定电流的选择

接触器的额定电流应不小于被控回路的额定电流。对于电动机负载可根据下列经验公式计算：

$$I_{NC} \geqslant P_{NM}/(1 \sim 1.4)U_{NM}$$

式中　I_{NC}——接触器主触头电流，A；

P_{NM}——电动机的额定功率，W；

U_{NM}——电动机的额定电压，V。

若接触器控制的电动机启动、制动或正反转频繁，一般将接触器主触头的额定电流降一级使用。

3. 额定电压的选择

接触器主触头的额定电压应不小于负载回路的电压。

4. 吸引线圈额定电压的选择

线圈额定电压不一定等于主触头的额定电压，当线路简单、使用电器少时，可直接选用 380V 或 220V 的电压，若线路复杂，使用电器超过 5 个，可用 24V、48V 或 110V 电压。吸引线圈允许在额定电压的 80%～105% 范围内使用。

5. 接触器的触头数量和种类选择

其触头数量和种类应满足主电路和控制线路的要求。各种类型的接触器触点数目不同。交流接触器的主触点有 3 对（常开触点），一般有 4 对辅助触点（2 对常开、2 对常闭），最多可达到 6 对（3 对常开、3 对常闭）。直流接触器主触点一般有 2 对（常开触点）；辅助触点有 4 对（2 对常开、2 对常闭）。

接触器的型号意义和电气符号如图 1.22 所示。

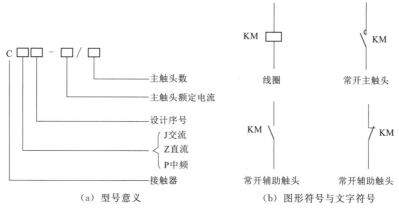

（a）型号意义　　　　　　　　（b）图形符号与文字符号

图1.22　接触器的型号意义和电气符号

1.6　低　压　断　路　器

　　低压断路器又称自动空气开关或自动空气断路器，主要用于低压动力线路中。它相当于刀开关、熔断器、热继电器和欠压继电器的组合，不仅可以接通和分断正常负荷电流与过负荷电流，还可以分断短路电流。低压断路器可以手动直接操作和电动操作，也可以远方遥控操作。

1.6.1　低压断路器的工作原理

　　低压断路器主要由触点系统、操作机构和保护元件三部分组成。主触点由耐弧合金制成，采用灭弧栅片灭弧；操作机构较复杂，其通断可用操作手柄操作，也可用电磁机构操作，故障时自动脱扣，触点通断瞬时动作与手柄操作速度无关。其工作原理如图1.23所示。

　　断路器的主触点2是靠操作机构手动开闸，并由自动脱扣机构将主触点锁在合闸位置上。如果电路发生故障，自动脱扣机构在有关脱扣器的推动下动作，使钩子脱开，于是主触点在弹簧的作用下迅速分断。过电流脱扣器5的线圈和过载脱扣器6的线圈与主电路串联，失压脱扣器7的线圈与主电路并联，当电路发生短路或严重过载时，过电流脱扣器的衔铁被吸合，使自动脱扣机构动作；当电路过载时，过载脱扣器的热元件产生的热量增加，使双金属片向上弯曲，推动自动脱扣机构动作；当电路失压时，失压脱扣器的衔铁释放，也使自动脱扣机构动作。分励脱扣器8则作为远距离分断电路使用，根据操作人员的命令或其他信号使线圈通电，从而使断路器跳闸。断路器根据不同用途可配备不同的脱扣器。

1.6.2　低压断路器的主要技术参数和典型产品介绍

1.6.2.1　低压断路器的主要技术参数

　　1. 额定电压

　　断路器的额定工作电压在数值上取决于电网的额定电压等级，我国电网标准规定为AC220、380、660及1140V，DC 220、440V等。应该指出，同一断路器可以规定在几种额定工作电压下使用，但相应的通断能力并不相同。

　　2. 额定电流

　　断路器的额定电流就是过电流脱扣器的额定电流，一般是指断路器的额定持续电流。

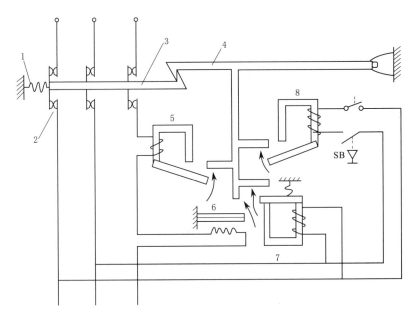

图 1.23　低压断路器工作原理

1—分闸弹簧；2—主触点；3—传动杆；4—锁扣；5—过电流脱扣器；
6—过载脱扣器；7—失压脱扣器；8—分励脱扣器

3. 通断能力

开关电器在规定的条件下（电压、频率及交流电路的功率因数和直流电路的时间常数），能在给定的电压下接通和分断的最大电流值，也称为额定短路通断能力。

4. 分断时间

分断时间指切断故障电流所需的时间，它包括固有的断开时间和燃弧时间。

1.6.2.2　低压断路器典型产品介绍

低压断路器按其结构特点可分为框架式低压断路器和塑料外壳式低压断路器两大类。

1. 框架式低压断路器

框架式低压断路器又称万能式低压断路器，主要用于 40～100kW 电动机回路的不频繁全压启动，并起短路、过载、失压保护作用。其操作方式有手动、杠杆、电磁铁和电动机操作四种。额定电压一般为 380V，额定电流有 200～4000A 若干种。常见的框架式低压断路器有 DW 系列等。

（1）DW10 系列断路器。本系列产品额定电压为交流 380V 和直流 440V，额定电流为 200～4000A，非选择型（即无短路短延时），由于其技术指标较低，现已逐渐被淘汰。

（2）DW15 系列断路器。它是更新换代产品，其额定电压为交流 380V，额定电流为 200～4000A，极限分断能力均比 DW10 系列大 1 倍。它分选择型和非选择型两种产品，选择型的采用半导体脱扣器。在 DW15 系列断路器的结构基础上，适当改变触点的结构，则制成 DWX15 系列限流式断路器，它具有快速断开和限制短路电流上升的特点，因此特别适用于可能发生特大短路电流的电路中。在正常情况下，它也可作为电路的不频繁通断及电动机的不频繁启动用。

2. 塑料外壳式低压断路器

塑料外壳式低压断路器又称装置式低压断路器或塑壳式低压断路器。一般用作配电线路的保护开关，以及电动机和照明线路的控制开关等。

塑料外壳式断路器有一绝缘塑料外壳，触点系统、灭弧室及脱扣器等均安装于外壳内，而手动扳把露在正面壳外，可手动或电动分合闸。它也有较高的分断能力和动稳定性以及比较完善的选择性保护功能。我国目前生产的塑壳式断路器有 DZ5、DZ10、DZX10、DZ12、DZ15、DZX19、DZ20 及 DZ108 等系列产品，DZ108 为引进德国西门子公司 3VE 系列塑壳式断路器技术而生产的产品。

常见的 DZ20 系列塑壳式低压断路器型号意义及技术参数如图 1.24 所示。

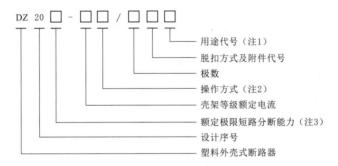

图 1.24　常见的 DZ20 系列塑壳式低压断路器型号意义及技术参数

注：1. 配电用无代号；保护电机用以"2"表示。2. 手柄直接操作无代号；电动机操作用"P"表示；
转动手柄用"Z"表示。3. 按额定极限短路分断能力高低分为：Y——一般型；G——最高型；
S—四极型；J—较高型；C—经济型

DZ20 系列塑料外壳式断路器的主要技术参数列于表 1.7。

表 1.7　　　　　　　　DZ20 系列塑料外壳式断路器的主要技术参数

型　　号	额定电压/V	壳架额定电流/A	断路器额定电流 I_N/A	瞬时脱扣器整定电流倍数
DZ20Y－100	～380	100	16，20，25，32，40，50，63，80，100	配电用 $10I_N$ 保护电机用 $12I_N$
DZ20J－100				
DZ20G－100				
DZ20Y－225		225	100，125，160，180，200，225	配电用 $5I_N$，$10I_N$ 保护电机用 $12I_N$
DZ20J－225				
DZ20G－225				
DZ20Y－400	－220	400	250，315，350，400	配电用 $10I_N$ 保护电机用 $12I_N$
DZ20J－400				
DZ20G－400				
DZ20Y－630		630	400，500，630	配电用 $5I_N$，$10I_N$
DZ20J－630				

断路器的图形符号及文字符号如图 1.25 所示。

1.6.3 低压断路器的选用

（1）断路器的额定工作电压应不小于线路或设备的额定工作电压。对于配电电路来说，应注意区别是电源端保护还是负载保护，电源端电压比负载端电压高出 5% 左右。

（2）断路器主电路额定工作电流不小于负载工作电流。

（3）断路器的过载脱扣整定电流应等于负载工作电流。

（4）断路器的额定通断能力不小于电路的最大短电流。

（5）断路器的欠电压脱扣器额定电压等于主电路额定电压。

（6）断路器类型应根据电路的额定电流及保护的要求来选用。

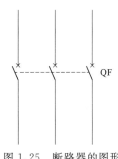

图 1.25 断路器的图形符号及文字符号

1.7 继 电 器

继电器是根据一定信号（如电流、电压、时间和速度等物理量）的变化来接通或分断小电流电路和电器的自动控制电器。

继电器实质上是一种传递信号的电器，它根据特定形式的输入信号而动作，从而达到控制目的。它一般不用来直接控制主电路，而是通过接触器或其他电器来对主电路进行控制，因此和接触器相比较，继电器的触头通常接在控制电路中，触头断流容量较小，一般不需要灭弧装置，但对继电器动作的准确性则要求较高。

继电器一般由三个基本部分组成：检测机构、中间机构和执行机构。检测机构的作用是接受外界输入信号并将信号传递给中间机构；中间机构对信号的变化进行判断、物理量转换、放大等；当输入信号变化到一定值时，执行机构（一般是触头）动作，从而使其所控制的电路状态发生变化，接通或断开某部分电路，达到控制或保护的目的。

继电器种类很多，按输入信号可分为：电压继电器、电流继电器、功率继电器、速度继电器，压力继电器、温度继电器等；按工作原理可分为：电磁式继电器、感应式继电器、电动式继电器、电子式继电器、热继电器等；按用途可分为控制与保护继电器；按输出形式可分为有触点和无触点继电器。

电磁式继电器是依据电压、电流等电量，利用电磁原理使衔铁闭合动作，进而带动触头动作，使控制电路接通或断开，实现动作状态的改变。

1.7.1 电磁式继电器的结构和特性

1.7.1.1 电磁式继电器的结构

电磁式继电器的结构和工作原理与电磁式接触器相似，也是由电磁机构、触点系统和释放弹簧等部分组成。电磁式继电器的典型结构如图 1.26 所示。

1. 电磁机构

直流继电器的电磁机构形式为 U 形拍合式。铁芯和衔铁均由电工软铁制成。为了增加闭合后的气隙，在衔铁的内侧面上装有非磁性垫片，铁芯铸在铝基座上。交流继电器的电磁机构形式有 U 形拍合式、E 形直动式、空心或装甲螺管式等结构形式。U 形拍合式和 E 形直动式的铁芯及衔铁均由硅钢片叠成，且在铁芯柱端上面装有分磁环。

2. 触点系统

交、直流继电器的触点由于均接在控制电路上，且电流小，故不装设灭弧装置。其触点一般都为桥式触点，有常开和常闭两种形式。

另外，为了实现继电器动作参数的改变，继电器一般还有改变释放弹簧松紧及改变衔铁打开气隙大小的调节装置，如调节螺母。

1.7.1.2 继电器的特性

继电器的主要特性是输入-输出，又称为继电器特性，当改变继电器输入量的大小时，对于输出量的触头只有"通"与"断"两个状态，如图 1.27 所示。当继电器输入量 x 由零增至 x_2 以前，继电器输出量 y 为零。当继电器输入量 x 增至 x_2

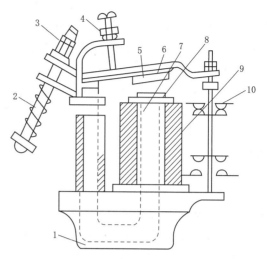

图 1.26　电磁式继电器的典型结构

1—底座；2—反力弹簧；3，4—调节螺钉；

5—非磁性垫片；6—衔铁；7—铁芯；

8—极靴；9—电磁线圈；10—触点系统

时，继电器吸合，输出量为 y_1，如 x 再增大，y_1 值保持不变。当 x 减小到 x_1 时，继电器释放，输出量由 y_1 降到零，x 再减小，y 值均为零。x_2 称为继电器吸合值，欲使继电器吸合，输入量必须等于或大于 x_2；x_1 为继电器的释放值，欲使继电器释放，输入量必须等于或小于 x_1。

1.7.2 继电器的主要参数

（1）额定参数。额定参数指继电器的线圈和触头在正常工作时的电压或电流允许值。

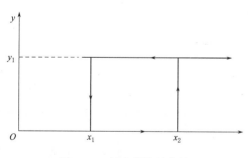

图 1.27　继电器特性曲线

（2）动作参数。动作参数指衔铁产生动作时线圈的电压或电流值。对于电压继电器有吸合电压 U_2 和释放电压 U_1；对于电流继电器有吸合电流 I_2 和释放电流 I_1。

（3）整定值。根据控制电路的要求，对继电器的继电器参数进行调整的数值。

（4）返回系数。返回系数指继电器的释放值与吸合值之比，以 $K = x_1/x_2$ 表示。对于电压继电器 x_1 为释放电压 U_1，x_2 为吸合电压 U_2；对于电流继电器 x_1 为释放电流 I_1，x_2 为吸合电流 I_2。

不同的场合要求不同的 K 值，可以通过调节释放弹簧的松紧程度（拧紧时 K 增大，放松时 K 减小）或调整铁芯与衔铁之间非磁性垫片的厚度（增厚时 K 增大，减薄时 K 减小）来达到所要求的值。

（5）吸合时间和释放时间。吸合时间是指线圈接受电信号到衔铁完全吸合所需的时间；释放时间是指线圈失电到衔铁完全释放所需的时间。一般继电器的吸合时间与释放时间为 $0.05 \sim 0.2s$，它的大小影响到继电器的操作频率。

（6）消耗功率。消耗功率指继电器线圈运行时消耗的功率，与其线圈匝数的二次方成正比。继电器的灵敏度越高，要求继电器的消耗功率越小。

1.7.3　电磁式电流继电器和电磁式电压继电器

1.7.3.1　电磁式电流继电器

触点的动作与否，与通过线圈的电流大小有关的继电器叫作电流继电器。其主要用于电动机、发电机或其他负载的过载及短路保护、直流电动机磁场控制或失磁保护等。电流继电器的线圈串在被测量电路中，其线圈匝数少、导线粗、阻抗小。电流继电器除用于电流型保护的场合外，还经常用于按电流原则控制的场合。电流继电器有过电流和欠电流继电器两种。

过电流继电器在电路正常工作时，衔铁是释放的；一旦电路发生过载或短路故障，衔铁才吸合，带动相应的触点动作，即常开触点闭合，常闭触点断开。

欠电流继电器在电路正常工作时，衔铁是吸合的，其常开触点闭合，常闭触点断开；一旦线圈中的电流降至额定电流的15%以下时，衔铁释放，发出信号，从而改变电路的状态。

1.7.3.2　电磁式电压继电器

触点的动作与加在线圈上的电压大小有关的继电器称为电压继电器，它用于电力拖动系统的电压保护和控制。电压继电器反映的是电压信号，它的线圈并联在被测电路的两端，所以匝数多、导线细、阻抗大。电压继电器按动作电压值的不同，可分为过电压和欠电压继电器两种。

过电压继电器在电路电压正常时，衔铁释放，一旦电路电压升高至额定电压的110%～115%以上时，衔铁吸合，带动相应的触点动作；欠电压继电器在电路电压正常时，衔铁吸合，一旦电路电压降至额定电压的15%以下时，衔铁释放，输出信号。

1.7.4　电磁式中间继电器

中间继电器实质也是一种电压继电器。只是它的触点对数较多、容量较大、动作灵敏。其主要起扩展控制范围或传递信号的中间转换作用。

电磁式继电器型号的含义和电气符号如图1.28所示。

1.7.5　时间继电器

在自动控制系统中，有时需要继电器得到信号后不立即动作，而是顺延一段时间后再动作并输出控制信号，以达到按时间顺序进行控制的目的。时间继电器就可以满足这种要求。

时间继电器按工作原理分可分为直流电磁式、空气阻尼式（气囊式）、晶体管式、电动式等几种。按延时方式分可分为通电延时型和断电延时型。

1.7.5.1　空气阻尼式时间继电器

空气阻尼式时间继电器利用空气通过小孔时产生阻尼的原理获得延时。其结构由电磁系统、延时结构和触头三部分组成，如图1.29所示。电磁机构为双E直动式，触头系统为微动开关，延时机构采用气囊式阻尼器。

空气阻尼式时间继电器既有通电延时型，也有断电延时型。只要改变电磁机构的安装方向，便可实现不同的延时方式：当衔铁位于铁芯和延时机构之间时为通电延时［图1.29（a）］；当铁芯位于衔铁和延时机构之间时为断电延时［图1.29（b）］。

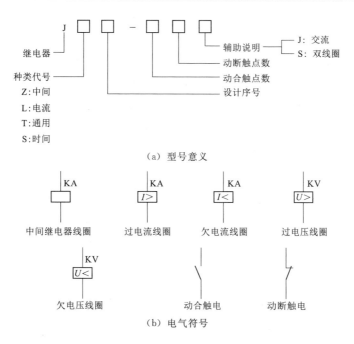

（a）型号意义

（b）电气符号

图 1.28 电磁式继电器型号含义和电气符号

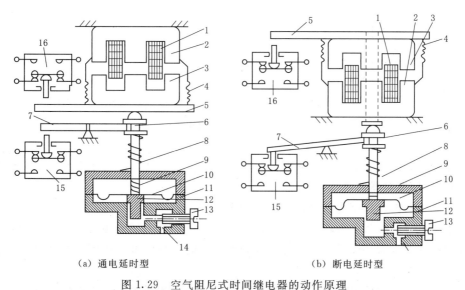

（a）通电延时型　　　　　　　　（b）断电延时型

图 1.29 空气阻尼式时间继电器的动作原理

1—线圈；2—铁芯；3—衔铁；4—复位弹簧；5—推板；6—活塞杆；7—杠杆；8—塔形弹簧；9—弹簧；
10—橡皮膜；11—气室；12—活塞；13—调节螺钉；14—进气孔；15、16—微动开关

　　图 1.29（a）为通电延时型时间继电器，当线圈 1 通电后，铁芯 2 将衔铁 3 吸合，活塞杆 6 在塔形弹簧的作用下，带动活塞 12 及橡皮膜 10 向上移动，由于橡皮膜下方气室空气稀薄，形成负压，因此活塞杆 6 不能上移。当空气由进气孔 14 进入时，活塞杆 6 才逐渐上移。移到最上端时，杠杆 7 才使微动开关动作。延时时间即为自电磁铁吸引线圈通电时

23

刻起到微动开关动作时为止的这段时间。通过调节螺钉 13 调节进气口的大小，就可以调节延时时间。

当线圈 1 断电时，衔铁 3 在恢复弹簧 4 的作用下将活塞 12 推向最下端。因活塞被往下推时，橡皮膜下方气孔内的空气，都通过橡皮膜 10、弹簧 9 和活塞 12 肩部所形成的单向阀，经上气室缝隙顺利排掉，因此延时与不延时的微动开关 15 与 16 都迅速复位。

空气阻尼式时间继电器的优点是结构简单、寿命长、价格低廉；缺点是准确度低、延时误差大，在延时精度要求高的场合不宜采用。

1.7.5.2　晶体管式时间继电器

晶体管式时间继电器常用的有阻容式时间继电器，它利用 RC 电路中电容电压不能跃变，只能按指数规律逐渐变化的原理——电阻尼特性获得延时的。所以，只要改变充电回路的时间常数，即可改变延时时间。由于调节电容比调节电阻困难，所以多用调节电阻的方式来改变延时时间。其原理图如图 1.30 所示。

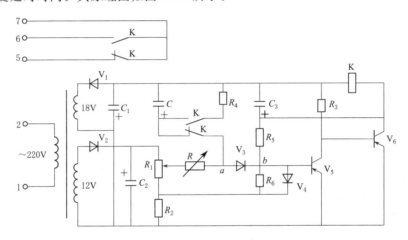

图 1.30　晶体管式时间继电器原理图

晶体管式时间继电器具有延时范围广、体积小、精度高、使用方便及寿命长等优点。

1.7.5.3　时间继电器的电气符号

时间继电器的图形符号及文字符号如图 1.31 所示。

对于通电延时时间继电器，当线圈得电时，其延时常开触点要延时一段时间才闭合，延时常闭触点要延时一段时间才断开；当线圈失电时，其延时常开触点迅速断开，延时常闭触点迅速闭合。

对于断电延时时间继电器，当线圈得电时，其延时常开触点迅速闭合，延时常闭触点迅速断开；当线圈失电时，其延时常开触点要延时一段时间再断开，延时常闭触点要延时一段时间再闭合。

1.7.6　热继电器

热继电器是电流通过发热元件产生热量，使检测元件受热弯曲而推动机构动作的一种继电器。由于热继电器中发热元件的发热惯性，在电路中不能做瞬时过载保护和短路保护。它主要用于电动机的过载保护、断相保护和三相电流不平衡运行的保护。

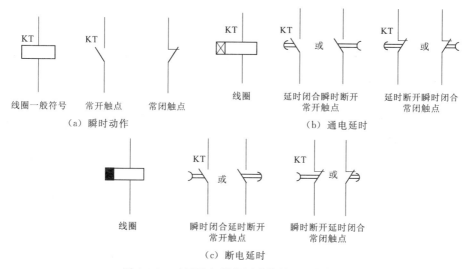

图 1.31　时间继电器的图形符号及文字符号

1.7.6.1　热继电器的结构和工作原理

　　热继电器的形式有多种，其中以双金属片最多。双金属片式热继电器主要由热元件、双金属片和触头三部分组成，其外形与结构如图 1.32 所示。双金属片是热继电器的感测元件，由两种膨胀系数不同的金属片碾压而成。当串联在电动机定子绕组中的热元件有电流流过时，热元件产生的热量使双金属片伸长，由于膨胀系数不同，双金属片发生弯曲。电动机正常运行时，双金属片的弯曲程度不足以使热继电器动作。当电动机过载时，流过热元件的电流增大，加上时间效应，从而使双金属片的弯曲程度加大，最终使双金属片推动导板使热继电器的触头动作，切断电动机的控制电路。

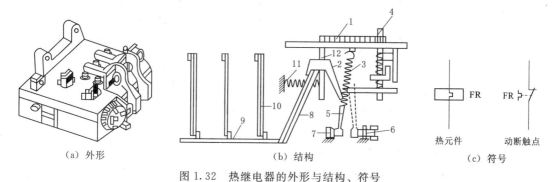

图 1.32　热继电器的外形与结构、符号

1—电流调节旋钮；2—推杆；3—拉簧；4—复位按钮；5—动触片；6—限位螺钉；7—静触点；
8—人字拨杆；9—滑杆；10—双金属片；11—压簧；12—连杆

　　热继电器由于热惯性，当电路短路时不能立即动作使电路断开，因此不能用作短路保护。同理，在电动机启动或短时过载时，热继电器也不会马上动作，从而避免电动机不必要的停车。

1.7.6.2　热继电器的分类及常见规格

　　热继电器按热元件数分为两相和三相结构。三相结构又分为带断相保护和不带断相保

25

护装置两种。

目前国内生产的热继电器品种很多，常用的有 JR20 系列、JRS1 系列、JRS2 系列、JRS5 系列、JR16B 系列和 T 系列等。其中，JRS1 系列为引进法国 TE 公司的 LR1 - D 系列，JRS2 系列为引进德国西门子公司的 3UA 系列，JRS5 系列为引进日本三菱公司的 TH - K 系列，T 系列为引进德国 ABB 公司的产品。

JR20 系列热继电器采用立体布置式结构，且系列动作机构通用。除具有过载保护、断相保护、温度补偿以及手动和自动复位功能外，还具有动作脱扣灵活、动作脱扣指示以及断开检验按钮等功能装置。

热继电器的型号含义如图 1.33 所示。

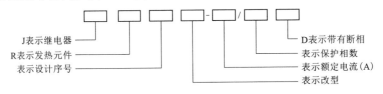

图 1.33 热继电器的型号含义

1.7.6.3 热继电器的选择

选用热继电器时，必须了解被保护对象的工作环境、启动情况、负载性质、工作制及电动机允许的过载能力。原则是热继电器的安秒特性位于电动机过载特性之下，并尽可能接近。

1. 热继电器的类型选择

若用热继电器做电动机缺相保护，应考虑电动机的接法。对于 Y 形接法的电动机，当某相断线时，其余未断相绕组的电流与流过热继电器电流的增加比例相同。一般的三相式热继电器，只要整定电流调节合理，是可以对 Y 形接法的电动机实现断相保护的；对于△形接法的电动机，某相断线时，流过未断相绕组的电流与流过热继电器的电流增加比例则不同，也就是说，流过热继电器的电流不能反映断相后绕组的过载电流，因此，一般的热继电器，即使是三相式也不能为△形接法的三相异步电动机的断相运行提供充分保护。此时，应选用三相带断相保护的热继电器。带断相保护的热继电器的型号后面有 D、T 或 3UA 字样。

2. 热元件的额定电流选择

应按照被保护电动机额定电流的 1.1～1.15 倍选取热元件的额定电流。

3. 热元件的整定电流选择

一般将热继电器的整定电流调整到等于电动机的额定电流；对过载能力差的电动机，可将热元件的整定值调整到电动机额定电流的 0.6～0.8 倍；对启动时间较长、拖动冲击性负载或不允许停车的电动机，热元件的整定电流应调整到电动机额定电流的 1.1～1.15 倍。

1.7.7 速度继电器

速度继电器是利用转轴的一定转速来切换电路的自动电器。它主要用作鼠笼式异步电动机的反接制动控制中，故称为反接制动继电器。

图 1.34 所示为速度继电器的结构原理示意图。它主要由转子、定子和触头三部分组成。

转子是一个圆柱形永久磁铁，定子是一个笼形空心圆环，由硅钢片叠成，并装有笼形的绕组。速度继电器与电动机同轴相连，当电动机旋转时，速度继电器的转子随之转动。在空间产生旋转磁场，切割定子绕组，在定子绕组中感应出电流。此电流又在旋转的转子磁场作用下产生转矩，使定子随转子转动方向而旋转，和定子装在一起的摆锤推动触头动作，使常开触点闭合，常闭触点断开。当电动机速度低于某一值时，动作产生的转矩减小，动触头复位。

常用的速度继电器有 YJ1 和 JFZ0 - 2 型。

速度继电器的电气符号如图 1.35 所示。

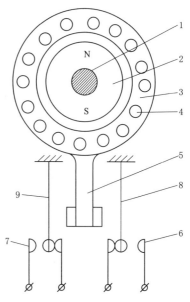

图 1.34　速度继电器的结构
原理示意图

1—转轴；2—转子；3—定子；4—绕组；
5—摆锤；6、7—静触点；8、9—动触点

1.7.8　固态继电器

固态继电器（solid state relay，SSR）是一种新型无触点继电器。固态继电器与机电继电器相比，是一种没有机械运动、不含运动零件的继电器，但它具有与机电继电器本质上相同的功能。固态继电器是一种全部由固态电子元件组成的无触点开关元件，它利用电子元器件的点，磁和光特性来完成输入与输出的可靠隔离，利用大功率三极管，功率场效应管，单向可控硅和双向可控硅等器件的开关特性，来达到无触点，无火花地接通和断开被控电路。

1.7.8.1　固态继电器的组成

固态继电器由输入电路、隔离（耦合）和输出电路三部分组成。按输入电压的不同类别，输入电路可分为直流输入电路、交流输入电路和交直流输入电路三种。有些输入控制电路还具有与 TTL/CMOS 兼容、正负逻辑控制和反相等功能。固态继电器的输入与输出电路的隔离和耦合方式有光电耦合与变压器耦合两种。固态继电器的输出电路也可分为直流输出电路、交流输出电路和交直流输出电路等形式。交流输出时，通常使用两个可控硅或一个双向可控硅，直流输出时可使用双极性器件或功率场效应管。

1.7.8.2　固态继电器的工作原理

交流固态继电器是一种无触点通断电子开关，为四端有源器件。其中两端为输入控制端，另外两端为输出受控端，中间采用光电隔离，作为输入输出之间电气隔离（浮空）。在输入端加上直流或脉冲信号，输出端就能从关断状态转变成导通状态（无信号时呈阻断状态），从而控制较大负载。整个器件无可动部件及触点，可实现相当于常用的机械式电磁继电器一样的功能。

固态继电器以触发形式，可分为零压型（Z）和调相型（P）两种。在输入端施加合适的控制信号 VIN 时，P 型 SSR 立即导通。当 VIN 撤销后，负载电流低于双向可控硅维持电流时（交流换向），SSR 关断。Z 型 SSR 内部包括过零检测电路，在施加输入信号

VIN 时，只有当负载电源电压达到过零区时，SSR 才能导通，并有可能造成电源半个周期的最大延时。Z 型 SSR 关断条件同 P 型，但由于负载工作电流近似正弦波，高次谐波干扰小，所以应用广泛。

由于固态继电器是由固体元件组成的无触点开关元件，与电磁继电器相比具有工作可靠、寿命长、对外界干扰小，能与逻辑电路兼容、抗干扰能力强、开关速度快和使用方便等一系列优点，因而具有很宽的应用领域，有逐步取代传统电磁继电器之势，并可进一步扩展到传统电磁继电器无法应用的计算机等领域。

1.7.8.3　固态继电器的应用

固态继电器可直接用于三相异步电动机的控制，如图 1.36 所示。最简单的方法，是采用 2 只 SSR 作电机通断控制，4 只 SSR 做电机换相控制，第三相不控制。作为电机换向时应注意，由于电机的运动惯性，必须在电机停稳后才能换向，以避免出现类似电机堵转情况，引起的较大冲击电压和电流。在控制电路设计上，要注意任何时刻都不应产生换相 SSR 同时导通的情况。上下电时序，应采用先加后断控制电路电源，后加先断电机电源的时序。换向 SSR 之间不能简单地采用反相器连接方式，以避免在导通的 SSR 未关断，另一相 SSR 导通引起的相间短路事故。此外，电机控制中的保险、缺相和温度继电器，也是保证系统正常工作的保护装置。

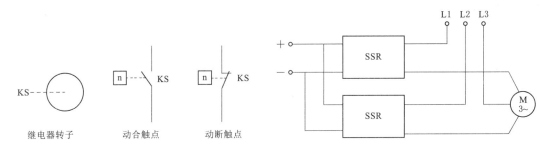

图 1.35　速度继电器的电气符号　　　　图 1.36　用固态继电器控制三相异步电动机

1.8　主　令　电　器

主令电器主要用于闭合或断开控制电路，以发出命令或信号，达到对电力拖动系统的控制或实现程序控制。常用的主令电器有控制按钮、行程开关、接近开关、万能转换开关等几种。

1.8.1　控制按钮

控制按钮是一种短时接通或断开小电流电路的电器，它不直接控制主电路的通断，而在控制电路中发出"指令"去控制接触器、继电器等电器，再由它们去控制主电路。

控制按钮由按钮帽、复位弹簧、桥式触头和外壳等组成，通常做成复合式，即具有常开触点和常闭触点，其结构示意图如图 1.37 所示。

指示灯式按钮内可装入信号灯显示信号；紧急式按钮装有蘑菇形钮帽，以便紧急操作；旋钮式按钮用于扭动旋钮来进行操作。

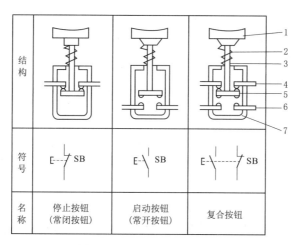

图 1.37　按钮的结构和符号

1—按钮帽；2—复位弹簧；3—支柱连杆；4—常闭静触点；5—桥式动触点；6—常开静触点；7—外壳

常见按钮有 LA 系列和 LAY1 系列。LA 系列按钮的额定电压为交流 500V、直流 440V，额定电流为 5A；LAY1 系列按钮的额定电压为交流 380V、直流 220V，额定电流为 5A。按钮帽有红、绿、黄、白等颜色，一般红色用作停止按钮，绿色用作启动按钮。按钮主要根据所需要的触点数、使用场合及颜色来选择。按钮颜色及其含义见表 1.8。

表 1.8　　　　　　　　　　　　　　按钮颜色及其含义

颜　　色	颜　色　含　义	典　型　应　用
红	急情出现时动作	急停
	停止或断开	①总停； ②停止一台或几台电动机； ③停止机床的一部分； ④停止循环（如果操作者在循环期间按此按钮，机床在有关循环完成后停止）； ⑤断开开关装置； ⑥兼有停止作用的复位
黄	干预	排除反常情况或避免不希望的变化，当循环尚未完成，把机床部件返回到循环起始点，按压黄色按钮可以超越预选的其他功能
绿	启动或接通	①总启动； ②开动一台或几台电动机； ③开动机床的一部分； ④开动辅助功能； ⑤闭合开关装置； ⑥接通控制电路
蓝	红、蓝、绿三种颜色未包含的任何特定含义	①红、黄、绿含义未包括的特殊情况，可以用蓝色； ②蓝色：复位
黑灰白		除专用"停止"功能按钮外，可用于任何功能，如黑色为点动，白色为控制与工作循环无直接关系的辅助功能

1.8.2 行程开关

位置开关是由机械的运动部件操作的一种控制开关，主要用于将机械位移转变为电信号，使电动机运行状态发生改变，从而限制机械的运动或实现程序的控制。它包括行程开关（限位开关）、接近开关等。

行程开关的作用原理与按钮相同，区别在于它不是靠手指的按压而是利用生产机械运动部件的碰压使其触点动作，从而将机械信号转变为电信号，控制运动机械按一定的位置或行程实现自动停止、反向运动、变速运动或自动往返运动等。

若将行程开关安装在生产机械行程终点处，以限制其行程，则称为限位开关。

各系列行程开关的基本结构大体相同，都是由触点系统、操作机构和外壳组成。以某种行程开关元件为基础，装置不同的操作机构，可得到各种不同形式的行程开关，常见的有按钮式（直动式）和旋转式（滚轮式）。常见的行程开关有 LX19 系列、LX22 系列、JLXK1 系列和 JLXW5 系列。其额定电压为交流 500V、380V，直流 440V、220V，额定电流为 20A、5A 和 3A。JLXK1 系列行程开关的外形如图 1.38 所示。

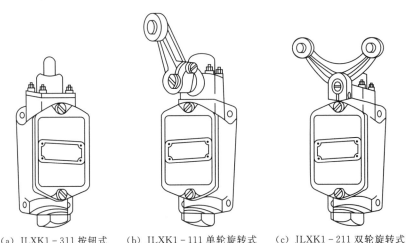

(a) JLXK1-311 按钮式　　(b) JLXK1-111 单轮旋转式　　(c) JLXK1-211 双轮旋转式

图 1.38　JLXK1 系列行程开关的外形

在选用行程开关时，主要根据机械位置对开关型式的要求，控制线路对触头数量和触头性质的要求，闭合类型（限位保护或行程控制）和可靠性以及电压、电流等级确定其型号。

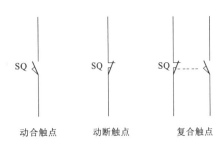

SQ　　　　SQ　　　　SQ

动合触点　　动断触点　　复合触点

图 1.39　行程开关的电气符号

行程开关的电气符号如图 1.39 所示。

行程开关安装时，安装位置要准确，安装要牢固；滚轮的方向不能装反，挡铁与其碰撞的位置应符合控制线路的要求，并确保可靠地与挡铁碰撞。

行程开关在使用中，要定期检查和保养，除去油污和粉尘，清理触点，经常检查其动作是否灵活、可靠，及时排除故障。防止因行程开关触点接触不良或接线松脱产生误动作而导致设备和人身安全事故。

1.8.3 接近开关

接近开关是一种无须与运动部件进行机械接触而可以操作的位置开关,当物体接近开关的感应面到动作距离时,不需要机械接触及施加任何压力即可使开关动作,从而驱动交流或直流电器或给计算机装置提供控制指令。接近开关是一种开关型传感器(即无触点开关),它既有行程开关所具备的行程控制及限位保护特性,同时又可用于高速计数、检测金属体的存在、测速、液位控制、检测零件尺寸以及用作无触点式按钮等。

接近开关的动作可靠,性能稳定,频率响应快,使用寿命长,抗干扰能力强、并具有防水、防震、耐腐蚀等特点。

1.8.3.1 接近开关的分类

目前,应用较为广泛的接近开关按工作原理可以分为以下几种类型。

(1)高频振荡型:用以检测各种金属体。

(2)电容型:用以检测各种导电或不导电的液体或固体。

(3)光电型:用以检测所有不透光物质。

(4)超声波型:用以检测不透过超声波的物质。

(5)电磁感应型:用以检测导磁或不导磁金属。

按其外形可分为圆柱形、方形、沟形、穿孔(贯通)型和分离型。圆柱形比方形安装方便,但其检测特性相同;沟形的检测部位是在槽内侧,用于检测通过槽内的物体;贯通型在我国很少生产,而日本则应用较为普遍,可用于小螺钉或滚珠之类的小零件和浮标组装成水位检测装置等。

接近开关按供电方式可分为直流型和交流型,按输出型式又可分为直流两线制、直流三线制、直流四线制、交流两线制和交流三线制。

1.8.3.2 高频振荡型接近开关的工作原理

高频振荡型接近开关的工作原理如图1.40所示,它属于一种有开关量输出的位置传感器,它由LC高频振荡器、整形检波电路和放大处理电路组成,振荡器产生一个交变磁场,当金属物体接近这个磁场,并达到感应距离时,在金属物体内产生涡流。这个涡流反作用于接近开关,使接近开关振荡能力衰减,以至停振。振荡器振荡及停振的变化被后级放大电路处理并转换成开关信号,进而控制开关的通或断,由此识别出有无金属物体接近。这种接近开关所能检测的物体必须是金属物体。

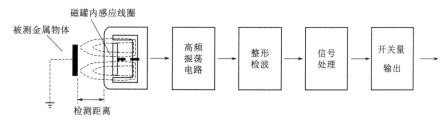

图1.40 高频振荡型接近开关的工作原理

1.8.3.3 接近开关的选型

对于不同材质的检测体和不同的检测距离,应选用不同类型的接近开关,以使其在系统中具有高的性能价格比,为此在选型中应遵循以下原则。

(1)当检测体为金属材料时,应选用高频振荡型接近开关,该类型接近开关对铁镍、A3 钢类检测体检测最灵敏。对铝、黄铜和不锈钢类检测体,其检测灵敏度就低。

(2)当检测体为非金属材料时,如木材、纸张、塑料、玻璃和水等,应选用电容型接近开关。

(3)金属体和非金属要进行远距离检测和控制时,应选用光电型接近开关或超声波型接近开关。

(4)对于检测体为金属时,若检测灵敏度要求不高,可选用价格低廉的磁性接近开关或霍尔式接近开关。

接近开关的电气符号如图 1.41 所示。

1.8.4　万能转换开关

万能转换开关是一种多档式、控制多回路的主令电器,一般可作为多种配电装置的远距离控制,也可作为电压表、电流表的换相开关,还可作为小容量电动机的启动、制动、调速及正反向转换的控制。由于其触头挡数多、换接线路多、用途广泛,故有"万能"之称。

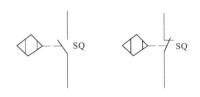

图 1.41　接近开关的电气符号

万能转换开关主要由操作机构、面板、手柄及数个触点座等部件组成,用螺栓组装成为整体。触点座可有 1~10 层,每层均可装 3 对触点,并由其中的凸轮进行控制。由于每层凸轮可做成不同的形状,因此当手柄转到不同位置时,通过凸轮的作用,可使各对触点按需要的规律接通和分断。

常见的万能转换开关的型号为 LW5 系列和 LW6 系列。选用万能开关时,可从以下几方面入手:若用于控制电动机,则应预先知道电动机的内部接线方式,根据内部接线方式、接线指示牌以及所需要的转换开关断合次序表,画出电动机的接线图,只要电动机的接线图与转换开关的实际接法相符即可。此外,需要考虑额定电流是否满足要求。若用于控制其他电路时,则只需考虑额定电流、额定电压和触头对数。

万能转换开关的原理图和电气符号如图 1.42 所示,图 1.42(b)中 1~6 为接线端子。

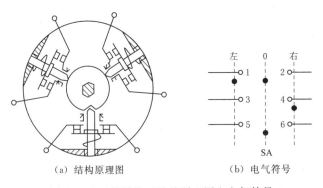

(a)结构原理图　　　　(b)电气符号

图 1.42　万能转换开关的原理图和电气符号

1.9 电气工程制图规范及电气图纸的识读方法

1.9.1 电气图定义

电气图是指用电气图形符号、带注释的围框或简化外形表示电气系统或设备中组成部分之间相互关系及其连接关系的一种图。广义地说表明两个或两个以上变量之间关系的曲线，用以说明系统、成套装置或设备中各组成部分的相互关系或连接关系，或者用以提供工作参数的表格、文字等，也属于电气图之列。

1.9.2 电气图有关国家标准

GB/T 4728.1—2018《电气简图用图形符号 第 1 部分：一般要求》；

GB/T 4728.2—2018《电气简图用图形符号 第 2 部分：符号要素、限定符号和其他常用符号》；

GB/T 4728.3—2018《电气简图用图形符号 第 3 部分：导体和连接件》；

GB/T 4728.4—2018《电气简图用图形符号 第 4 部分：基本无源元件》；

GB/T 4728.5—2018《电气简图用图形符号 第 5 部分：半导体管和电子管》；

GB/T 4728.6—2022《电气简图用图形符号 第 6 部分：电能的发生与转换》；

GB/T 4728.7—2022《电气简图用图形符号 第 7 部分：开关、控制和保护器件》；

GB/T 4728.8—2022《电气简图用图形符号 第 8 部分：测量仪表、灯和信号器件》；

GB/T 4728.9—2022《电气简图用图形符号 第 9 部分：电信：交换和外围设备》；

GB/T 4728.10—2022《电气简图用图形符号 第 10 部分：电信：传输》；

GB/T 4728.11—2022《电气简图用图形符号 第 11 部分：建筑安装平面布置图》；

GB/T 4728.12—2022《电气简图用图形符号 第 12 部分：二进制逻辑元件》；

GB/T 4728.13—2022《电气简图用图形符号 第 13 部分：模拟元件》；

GB/T 10609.1—2008《技术制图 标题栏》；

GB/T 14691—1993《技术制图 字体》；

GB/T 4458.1—2002《机械制图 图样画法 视图》；

GB/T 18229—2000《CAD 工程制图规则》；

GB/T 18135—2008《电气工程 CAD 制图规则》。

1.9.3 电气图分类

（1）系统图或框图：用符号或带注释的框，概略表示系统或分系统的基本组成、相互关系及其主要特征的一种简图。

（2）电路图：用图形符号并按工作顺序排列，详细表示电路、设备或成套装置的全部组成和连接关系，而不考虑其实际位置的一种简图。其目的是便于详细理解作用原理、分析和计算电路特性。

（3）功能图：表示理论的或理想的电路而不涉及实现方法的一种图，其用途是提供绘制电路图或其他有关图的依据。

（4）逻辑图：主要用二进制逻辑（与、或、异或等）单元图形符号绘制的一种简图，其中只表示功能而不涉及实现方法的逻辑图叫纯逻辑图。

（5）功能表图：表示控制系统的作用和状态的一种图。

（6）等效电路图：表示理论的或理想的元件（如 R、L、C）及其连接关系的一种功能图。

（7）程序图：详细表示程序单元和程序片及其互连关系的一种简图。

（8）设备元件表：把成套装置、设备和装置中各组成部分和相应数据列成的表格其用途表示各组成部分的名称、型号、规格和数量等。

（9）端子功能图：表示功能单元全部外接端子，并用功能图、表图或文字表示其内部功能的一种简图。

（10）接线图或接线表：表示成套装置、设备或装置的连接关系，用以进行接线和检查的一种简图或表格。

1）单元接线图或单元接线表：表示成套装置或设备中一个结构单元（结构单元指在各种情况下可独立运行的组件或某种组合体）内的连接关系的一种接线图或接线表。

2）互连接线图或互连接线表：表示成套装置或设备的不同单元之间连接关系的一种接图或接线表。

3）端子接线图或端子接线表：表示成套装置或设备的端子，以及接在端子上的外部接线（必要时包括内部接线）的一种接线图或接线表。

4）电费配置图或电费配置表：提供电缆两端位置，必要时还包括电费功能、特性和路径等信息的一种接线图或接线表。

（11）数据单：对特定项目给出详细信息的资料。

（12）简图或位置图：表示成套装置、设备或装置中各个项目的位置的一种简图或位置图。指用图形符号绘制的图，用来表示一个区域或一个建筑物内成套电气装置中的元件位置和连接布线。

1.9.4　电气图的特点

（1）电气图是用于阐述电的工作原理，描述产品的构成和功能，提供装接和使用信息的重要工具和手段。

（2）简图是电气图的主要表达方式，是用图形符号、带注释的围框或简化外形表示系统或设备中各组成部分之间相互关系及其连接关系的一种图。

（3）元件和连接线是电气图的主要表达内容。一个电路通常由电源、开关设备、用电设备和连接线四个部分组成，如果将电源设备、开关设备和用电设备看成元件，则电路由元件与连接线组成，或者说各种元件按照一定的次序用连接线起来就构成一个电路。元件和连接线的表示方法如下：

1）元件用于电路图中时有集中表示法、分开表示法、半集中表示法。

2）元件用于布局图中时有位置布局法和功能布局法。

3）接线用于电路图中时有单线表示法和多线表示法。

4）连接线用于接线图及其他图中时有连续线表示法和中断线表示法。

（4）图形符号、文字符号、项目代号是电气图的主要组成部分。一个电气系统或一种电气装置同各种元器件组成，在主要以简图形式表达的电气图中，无论是表示构成、功能，还是表示电气接线等，通常用简单的图形符号表示。

（5）对能量流、信息流、逻辑流、功能流的不同描述构成了电气图的多样性。一个电气系统中，各种电气设备和装置之间，从不同角度、不同侧面存在着不同的关系。

1）能量流——电能的流向和传递。

2）信息流——信号的流向和传递。

3）逻辑流——相互间的逻辑关系。

4）功能流——相互间的功能关系。

1.9.5　电气图的一般规则

（1）电气图面的构成：边框线、图框线、标题栏、会签栏组成。

（2）幅面及尺寸：边框线围成的图及图纸的幅面。

1）幅面尺寸分5类：A0～A4，见表1.9。A0～A2号图纸一般不得加长。A3、A4号图纸可根据需要，沿短边加长。

表 1.9　　　　　　　　　　　　　　　**幅面尺寸及代号**　　　　　　　　　　　单位：mm

幅　面　代　号	A0	A1	A2	A3	A4
宽×长（$B \times L$）	841×1189	594×841	420×594	297×420	210×297
留装订边的边宽（C）	10			5	
不留装订边的边宽（C）	20		10		
装订侧的边宽（a）	25				

2）选择幅面尺寸的基本前提：保证幅面布局紧凑、清晰和使用方便。

3）幅面选择考虑因素：①所设计对象的规模和复杂程度。②由简图种类所确定的资料的详细程度。③尽量选用较小幅面。④便于图纸的装订和管理。⑤复印和缩微的要求。⑥计算机辅助设计的要求。

（3）标题栏是用以确定图样名称、图号、张次、更改和有关人员签名等内容的栏目，相当于图样的"铭牌"。

标题栏的位置一般在图纸的右下方或下方。标题栏中的文字方向为看图方向，会签栏是供各相关专业的设计人员会审图样时签名和标注日期用，图1.43为设计通用标题栏（A2～A4）。

1）图样编号由图号和检索号两部分组成。

2）图幅的区分在图的边框处，竖边方向用大写拉丁字母，横边方向用阿拉伯数字，编号的顺序从标题栏相对的左上角开始，分区数就是偶数。

1.9.6　电气元件触点位置、工作状态和技术数据的表示方法

（1）触点分两类：一是靠电磁力或人工操作的触点（接触器、电继电器、开关、按钮等），二是非电和非人工操作的触点（非电继电器、行程开关等的触点）。

（2）触点表示。

1）接触器、电继电器、开关、按钮等项目的触点符号，在同一电路中，在加电和受力后，各触点符号的动作方向应取向一致，当触点具有保持、闭锁和延时功能的情况下更加如此。

2）对非电和非人工操作的触点，必须在其触点符号附近表明运行方式。用图形、操

作器件符号及注释、标记和表格表示。

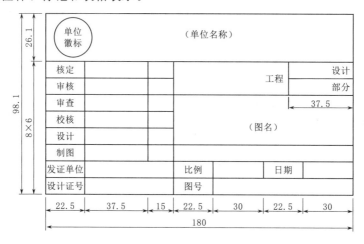

图 1.43 设计通用标题栏（A2～A4）（单位：mm）

（3）元件的工作状态的表示方法：元件、器件和设备的可动部分通常应表示在非激励或不工作的状态或位置。

1）继电器和接触器在非激励的状态。

2）断路器、负荷开关和隔离开关在断开位置。

3）带零位的手动控制开关在零位位置，不带零位的手动控制开关在图中规定的位置。

4）机械操作操作开关的工作状态与工作位置的对应关系，一般应表示在其触点符号的附近，或另附说明。事故、备用、报警等开关应表示在设备正常使用的位置，多重开闭器件的各组成部分必须表示在相互一致的位置上，而不管电路的工作状态。

（4）元件技术数据的标注方法：电气元器件的技术数据一般标在图形符号近旁。当连接线水平布置时，尽可能标在图形符号的下方，垂直布置时，则标在项目代号的下方；还可以标在方框符号或简化外形符号内。

（5）注释和标志的表示方法。

1）注释的两种方法：直接放在所要说明的对象附近和将注释放在图中的其他位置。

2）如设备面板上有信息标志时，则应在有关元件的图形符号旁加上同样的标志。

1.9.7 连接线

连接线又称导线，是指在电气图上各种图形符号间的相互连线。

（1）导线的表示方法。导线的一般表示方法如图 1.44 所示。

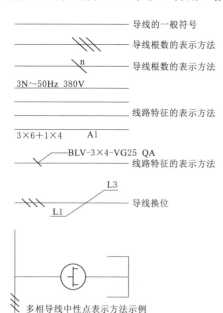

图 1.44 导线的一般表示方法

（2）图线的粗细：电源主电路、一次电路、主信号通路等采用粗线，与之相关的其余部分用细线。

（3）连接线的分组：母线、总线、配电线束、多芯电线电缆等可视为平行连接线。对多条平行连接线，应按功能分组，不能按功能分组的，可以任意分组，每组不多于3条，组间距大于线间距离。

连接线标记：标记一般置于连接线上方，也可置于连接线的中断处，必要时，还可在连接线上标出信号特性的信息。

（4）导线连接点的表示方法。

1）导线连接点有 T 形和十字形两种。

2）对于 T 形连接点，可加黑圆点，也可不加，如图 1.45（a）所示。

3）对十字形连接点，如交叉导线电气不连接，交叉处不加黑点，如图 1.45（b）所示；如交叉导线电气有连接关系，交叉处应加黑圆点，如图 1.45（c）所示。

4）导线应避免在交叉处改变方向，应跨过交叉点再改变方向，如图 1.45（d）所示。

导线连接点的表示方法如图 1.45 所示。图 1.45（e）中，①为 T 形连接点；②为十字形连接点；③为外部连接点；④为电源。

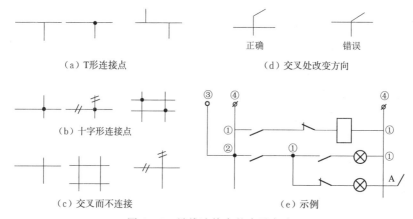

图 1.45　导线连接点的表示方法

1.9.8　系统图和框图的基本特征与用途

（1）系统图与框图的共同点。都是用符号或带注释的框来表示。区别：系统图通常用于表示系统或成套装置，而框图通常用于表示分系统或设备；系统图若标注项目代号，一般为高层代号，框图若标注项目代号，一般为种类代号。

（2）电气系统图和框图的作用。

1）作为进一步编制详细技术文件的依据。

2）供操作和维修时参考。

3）供有关部门了解设计对象的整体方案、简要工作原理和主要组成的概况。

1.9.9　系统图和框图绘制的基本原则和方法

1. 图形符号的运用

（1）采用方框符号：方框符号表示元件、设备等的组合及其功能，既不给出元件、设备细节，也不考虑所有连接的一种简单的图形符号。

（2）采用带注释的框：系统图和框图中的框可能为一系统、分系统、成套装置或功能单元，用带注释的框来表示对象。框的形式有实线框和点画线框，点画线框包含的容量大。

2．层次划分

较高层次的系统图和框图，可反映对象的概况；较低层次的系统图和框图，可将对象表达得较为详细。

3．项目代号的标注方法

（1）在系统图和框图上，各个框就标注项目代号。

（2）较高层次的系统图上标注高层代号；较低层次的框图上，标注种类代号。

（3）由于系统图和框图不具体表示项目的实际连接线和安装位置，所以一般不标注端子代号和位置代号。

（4）项目代号标注在各框的上方或左上方。

4．连接线的表示方法

（1）连接方法：当采用带点画线框绘制时，其连接线接到该框内图形符号上，当采用方框符号或带注释的实线框时，则连接线接到框的轮廓线上。

（2）连接线型式：电线连接线——细实线；电源电路和主信号电路——粗实线；机械连接线——虚线。

（3）信号流向：系统图和框图的布局，应清晰并利于识别过程和信息的流向。控制信号流向与过程流向垂直绘制，在连线上用开口箭头表示电信号流向，实心箭头表示非电过程和信息的流向。

（4）连接线上有关内容的标注：在系统图和框图上，根据需要加注各种形式的注释和说明。

1.9.10　电气原理图

1．电气原理图的基本特征、绘制要求及主要用途

（1）绘制电气原理图的要求。

1）所有电器的触点均按没有通电或没有发生机械动作时的位置画出。接触器是在动铁芯没被吸合时的位置，按钮是在没按下时的位置。如果这时触点是断开的，则称为动合触点（一动就合）。如果触点是闭合的，则称为动断触点（一动就断），在不同的工作阶段，各个电器的动作不同，触点时闭时开，而在原理图中只能表示一种状态。

2）同一电器的各部件是分开的，不按它们的实际位置画在一起，如接触器 KM 线圈和主触点，就分别画在两个不同位置，标相同的文字符号 KM。因为原理图是为了方便阅读和分析电路控制动作绘制的，不反映电器元件的结构、体积和它实际安装的位置。

3）各电器元件统一采用国家标准规定的图形符号和文字符号。

4）明确电路中元件的数目、种类和规格。

5）为方便检查电路和排除故障，按规定给原理图标注线号，将主电路与控制电路分开标注，从电源端起，顺次标到负载，每段导线均有线号，一线一号，不能重复。

6）在电源线路上编号，可以遵循以下规则：

a. 主电路三相电源相序依次编写为 L1、L2、L3，电源控制开关的出线端子按三相电源相序依次编号为 U11、V11、W11。从上至下每经过一个电器元件的接线端子后，编号要递增，如 U11、V11、W11、U21、V21、W21…。没有经过接线端子的编号不变，电动机三根引线按相序依次编号为 U、V、W。

b. 控制电路与照明、指示电路，从左至右（或从上至下）用数字来编号，每经过一个接线端子编号要递增。

（2）图例。CW6132 车床的电气原理图说明了电动机 M1、M2 供电、保护及控制的电路构成和工作原理，如图 1.46 所示。此图有如下特点：

1）按供电电源和功能划分两部分：主电路按能量流（即电流）流向绘制，表示了电能经熔断器、接触器至电动机的供电关系；辅助电路按动作顺序，即功能关系绘制。

2）主电路采用垂直布置，辅助电路采用水平布置。

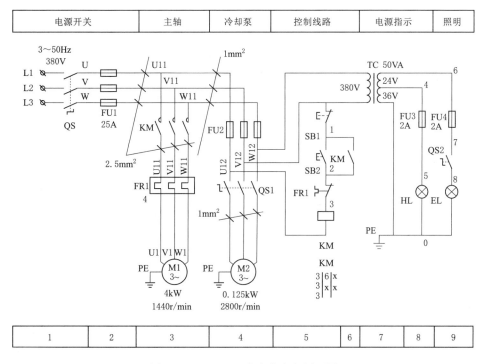

图 1.46　CW6132 车床的电气原理图

（3）用途。

1）供详细表达和理解设计对象（电路、设备或装置）的作用、原理、分析和计算电路特性之用。

2）作为编制接线图的依据。

3）为测试和寻找故障提供信息。

2. 电气原理图图标的识符

为了方便读者阅读，在电气原理图中，有图区号、符号位置的索引、接触器和继电器线圈与触点的从属关系表示代号等标识。

（1）图区号。图 1.46 中图纸下方的 1、2、3 等数字是图区的编号，它是为了便于检索电气线路，方便阅读分析从而避免遗漏而设置。图区编号也可设置在图的下方。图区编号下方的文字表明它对应的下方元件或电路的功能，使读者能清楚地知道某个元件或某部分电路的功能，以利于理解全部电路的工作原理。

（2）符号位置的索引。符号位置的索引为使用图号、页次和图区编号的组合索引法，其索引代号的组成为：图号/页号·图区号。

图号是指当某设备的电气原理图按功能多册装订时，每册的编号，一般用数字表示。

当某一元件相关的各符号元素出现在不同图号的图纸上，而每个图号又仅有一页图纸时，索引代号中可省略"页号"及分隔符"·"。

当某一元件相关的各符号元素出现在同一图号的图纸上，而该图号有几张图纸时，可省略"图号"和分隔符"/"。

当某一元件相关的各符号元素出现在只有一张图纸的不同图区时，索引代号只用"图区"表示。

（3）接触器和继电器线圈与触点的从属关系。接触器和继电器线圈与触点的从属关系如图 1.47 所示，在图纸中线圈的下方，给出触点的图形符号，并在下面标明相应触点的索引代码，且对未使用的触点用"×"表明，有时也可采用如符号位置索引的省略方法来省略触点。

对于接触器，其线圈与触点的从属关系中各栏的含义从左至右分别表示如下：主触点所在的图区号，辅助动合触点所在的图区号，辅助动断触点所在的图区号。

图 1.47 接触器和继电器线圈与触点的从属关系

对于继电器，其线圈与触点的从属关系中各栏的含义从左至右分别表示如下：动合触点所在的图区号，动断触点所在的图区号。

1.9.11 电气安装图

1. 绘制电气安装图的原则

电气安装图的绘制要根据电气原理图、电器位置图及安装接线的技术要求进行绘制。具体如下：

（1）各电器元件的位置要与实际安装的位置一致。

（2）电器元件按实际尺寸用统一比例绘制。

（3）同一个电器元件要把安装部分（触点、线圈）画在一起，并用虚线框起来。

（4）各电器元件的位置，依据原理图的控制关系、各元件性能和面板大小来确定。

（5）图形符号与原理图一致，符合国家标准。

（6）各电器元件上需要接线的端孔螺钉或瓦形片，都要绘制出来标注线号。电机线端号与实际一致。

（7）同一根导线上连接的端子编号应相同。

（8）安装板以外的电器元件在接线时要经过接线端子板并在接线端子板外标注线号。

（9）走向相同的相邻导线要绘成一股线。

（10）将绘制好的接线图与原理图仔细核对，防止错画、漏画，避免给安装电路造成麻烦。

2. 电器元件布置

根据电动机控制电路中主、辅电路的连接特点，以方便接线为原则，确定如刀开关、熔断器、接触器、热继电器、按钮等元件在电工模拟装置上的位置。确定合理的元件位置是做好接线工艺的基础，元件位置设计得是否合理将影响到后续的工艺过程，以至决定接线后整体板面是否美观。图 1.48 是位置控制电路的电器元件布置图。

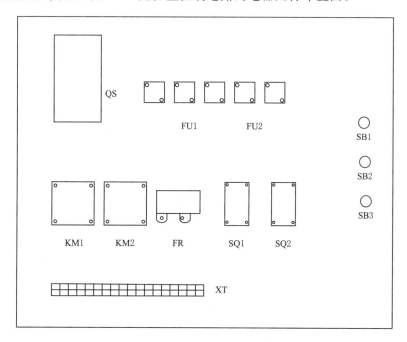

图 1.48　位置控制电路的电器元件布置图

3. 接线图的绘制

先在原理图上标注各连接点的编号，然后将各元件画成展开图，将各元件展开图按电器元件布置图的实际位置布置，在展开图上标注和原理图对应的编号，将相同编号的点连接起来。

接线图的绘制步骤为：①将各元件画成展开图，以常用的 CJ10 - 20 交流接触器为例进行说明，在该接触器中，有 3 对常开主触头，L1 - T11 对，L2 - T21 对，L4 - T31 对；②A1、A2 为接触器线圈两端，有两个 A2 是厂家为方便接线设置的，A2 有两个接线点，是一样的；③NC 和 NO 都是辅助触点，NC 是常闭点，NO 是常开点，NO 和 NC 的触点编号是有规律的，11 和 12 是 1 对常闭点，13 和 14 是 1 对常开点，21 和 22 是 1 对常闭点，23 和 24 是 1 对常开点，以此类推，凡是有 2 的点，都是常闭点，有 4 的点，都是常开点，偶数编号是引出端，奇数编号是公共端。CJ10 - 20 交流接触器展开如图 1.49 所示。

将各元件展开图按电器元件布置图的实际位置布置，在展开图各触头上标注和原理图各触头对应的编号。编号标注完成后只需把相同编号的点连在一起即可完成电路连接，例如，QS 中的 U11、V11、W11 分别和 FU1 中 U11、V11、W11 相连，SB3 中的 3 分别和 SB1、SB2、KM1、KM2 中的 3 相连。如图 1.50 所示。

1.9.12 阅读分析电气线路图

1.9.12.1 阅读分析电气线路图的基本方法

阅读分析电气线路图的最基本方法为查线读图法，查线读图法的步骤如下。

1. 了解生产工艺与执行电器的关系

在分析电气线路之前，应该了解生产设备要完成哪些动作，这些动作之间又有什么联系，即熟悉生产设备的工艺情况。必要时可以画出简单的工艺流程图，明确各个动作的关系。例如，车床主轴转动时，要求油泵先给齿轮箱供油润滑，即应保证在润滑泵电动机启动后才允许主拖动电动机启动，也就是控制对象对控制线路提出了按顺序工作的联锁要求。此外，还应进一步明确生产设备的动作与电路中执行电器的关系，给分析电器线路提供线索和方便。

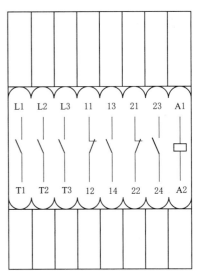

图 1.49 CJ10 - 20 交流
接触器展开图

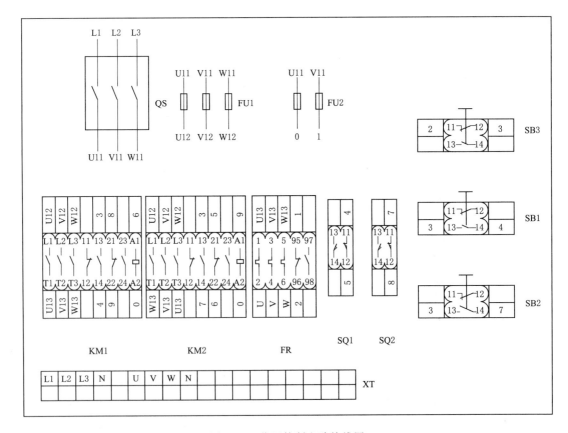

图 1.50 位置控制电路接线图

2. 分析主电路

在分析电气线路时，一般应先从主电路着手，看主电路由哪些控制元件构成，从主电路的构成可分析出电动机或执行器的类型、工作方式、启动、转向、调速和制动等基本控制要求。如是否有正反转控制、是否有启动制动要求、是否有调速要求等。这样，在分析控制电路的工作原理时，就能做到心中有数、有的放矢。

3. 分析控制电路

分析控制电路一般是由上往下或由左往右阅读电路。设想按动了操作按钮（应记住各信号元件、控制元件或执行元件的原始状态），依各电器的得电顺序查对线路（跟踪追击），观察有哪些元件受控动作。逐一查看这些动作元件的触点又是如何控制其他元件动作的，进而驱动被控机械或被控对象有何运动。还要继续追查执行元件带动机械运动时，会使哪些信号元件状态发生变化，再查对线路，看执行元件如何动作。在读图过程中，特别要注意相互间的联系和制约关系，直至将线路全部看懂为止。

无论多么复杂的电气线路，都是由一些基本的电气控制环节构成。在分析线路时，要善于运用"化整为零""顺藤摸瓜"的方法。可以按主电路的构成情况，把控制电路分解成与主电路相对应的几个基本环节，逐一进行分析。还应注意那些满足特殊要求的特殊部分，然后把各环节串起来，就不难读懂全图了。

4. 分析辅助电路、联锁环节、保护环节和特殊控制环节

在电气控制线路中，还包括诸如工作状态显示、电源显示、参数设定、照明和故障报警等部分的辅助电路，需要结合控制电路来分析；对于安全性、可靠性要求较高的生产设备的控制，在分析电气线路图过程中，还需要考虑电气联锁和电气保护环节；在某些控制线路中，还有如产品计数、自动检测、自动调温等装置的控制电路，相对于主电路、控制电路比较独立，可参照上述分析过程逐一分析。

5. 理解全部电路

经过"化整为零"，逐步分析了每一局部电路的工作原理以及各部分之间的控制关系之后，还必须用"集零为整"的方法，检查整个控制线路，看是否有遗漏。特别要从整体角度去进一步检查和理解各控制环节之间的联系，以达到清楚地理解原理图中每一个电气元器件的作用、工作过程及主要参数，理解全部电路实现的功能。

查线读图法的优点是直观性强，容易掌握，因而得到广泛采用。其缺点是分析复杂线路时易出错，叙述也较冗长。

此外，分析电气控制线路还有"图示分析法""逻辑分析法"等，一般只用来进行局部电路原理的分析或配合"查线读图法"使用。

1.9.12.2　C650 卧式车床电气控制线路分析

卧式车床是一种应用极为广泛的金属切削加工机床，主要用来加工各种回转表面、螺纹和端面，并可通过尾架进行钻孔、铰孔和攻螺纹等切削加工。下面以 C650 卧式车床控制系统为例，进行控制线路分析。

1. 了解生产工艺与执行电器的关系，分析控制要求

卧式车床通常由一台主电动机拖动，经由机械传动链，实现切削主运动和刀具进给运动的输出，其运动速度由变速齿轮箱通过手柄操作进行切换。刀的快速移动、冷却泵和

液压泵等常采用单独的电动机驱动。

C650 卧式车床属于中型车床，可加工的最大工件回转直径为 1020mm，最大工件长度为 3000mm，机床的结构形式如图 1.51 所示。

C650 卧式车床主要由床身、主轴、刀架、溜板箱和尾架等部分组成。该车床有两种主要运动：一种是安装在床身主轴箱中的主轴转动，称为主运动；另一种是溜板箱中的溜板带动刀架的直线运动，称为进给运动。

刀具安装在刀架上，与滑板一起随溜板

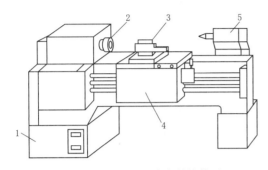

图 1.51　C650 卧式车床结构简图

1—床身；2—主轴；3—刀架；4—溜板箱；5—尾架

箱沿主轴轴线方向实现进给移动，主轴的转动和溜板箱的移动均由主电动机驱动。

由于加工的工件比较大，加工时其转动惯量也比较大，需停车时不易立即停止转动，因此必须有停车制动的功能，较好的停车制动是采用电气制动方法。为了加工螺纹等工件，主轴需要正反转，主轴的转速应随工件的材料、尺寸、工艺要求及刀具的种类不同而变化，所以要求在相当宽的范围内可进行速度调节。

在加工过程中，还需提供切削液，并为减轻工人的劳动强度和节省辅助工作时间，要求带动刀架移动的溜板能够快速移动。

从车床的加工工艺出发，对拖动控制有以下要求。

（1）主电动机 M1。完成主轴主运动和溜板箱进给运动的驱动，电动机采用直接启动的方式启动，可正反两个方向旋转，并可进行正反两个旋转方向的电气停车制动。为加工调整方便，还应具有点动功能。

（2）电动机 M2。拖动冷却泵，在加工时提供切削液；采用直接启动及停止方式，并且为连续工作状态。

（3）主电动机和冷却泵电动机应具有必要的短路和过载保护。

（4）快速移动电动机 M3，拖动刀架快速移动。其电动机可根据使用需要，随时手动控制启停。

C650 卧式车床的电气控制系统线路如图 1.52 所示，使用的电气元件符号与功能说明如表 1.10 所列。

2. 分析主电路

图 1.53 所示的主电路中有 3 台电动机，隔离开关 QS 将 380V 的三相电源引入。电动机 M1 的电路接线分为三部分：第一部分由正转控制交流接触器 KM1 和反转控制交流接触器 KM2 的两组主触点构成电动机的正反转接线。第二部分为电流表 A 经电流互感器 TA 接在主电动机 M1 的主回路上以监视电动机绕组工作时的电流变化。为防止电流表被启动电流冲击损坏，利用一时间继电器的延时动断触点，在启动的短时间内将电流表暂时短接掉。第三部分为一串联电阻控制部分，交流接触器 KM3 的主触点控制限流电阻 R 的接入和切除，在进行点动调整时，为防止连续的启动电流造成电动机过载，串入限流电阻 R，保证电路设备正常工作。

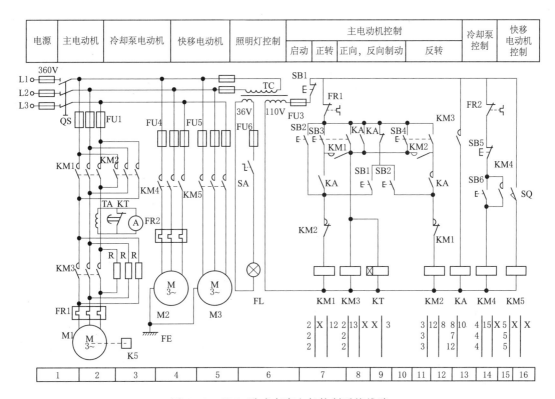

图 1.52　C650 卧式车床电气控制系统线路

表 1.10　　　　　　　　**电气元件符号及功能说明表**

符　号	名　称 及 用 途	符　号	名　称 及 用 途
M1	主电动机	SB1	总停按钮
M2	冷却泵电动机	SB2	主电动机正向点动按钮
M3	快速移动电动机	SB3	主电动机正向启动按钮
KM1	主电动机正转接触器	SB4	主电动机反向启动按钮
KM2	主电动机反转接触器	SB5	冷却泵电动机停止按钮
KM3	短接限流电阻接触器	SB6	冷却泵电动机启动按钮
KM4	冷却泵电动机接触器	TC	控制变压器
KM5	快移电动机接触器	FU1~6	熔断器
KA	中间继电器	FR1	主电动机过载保护热继电器
KT	通电延时时间继电器	FR2	冷却泵电动机保护热继电器
SQ	快移电动机点动手柄开关	R	限流电阻
SA	照明灯开关	EL	照明灯
KS	速度继电器	TA	电流互感器
A	电流表	QS	隔离开关

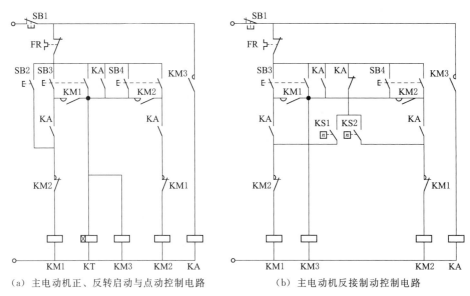

（a）主电动机正、反转启动与点动控制电路　　　（b）主电动机反接制动控制电路

图 1.53　控制主电动机的基本控制电路

速度继电器 KS 的速度检测部分与电动机的主轴同轴相联，在停车制动过程中，当主电动机转速低于 KS 的动作值时，其动合触点可将控制电路中反接制动的相应电路切断，完成停车制动。

电动机 M2 由交流接触器 KM4 的主触点控制其主电路的接通和断开，电动机 M3 由交流接触器 KM5 的主触点控制。

为保证主电路的正常运行，主电路中还设置了熔断器的短路保护环节和热继电器的过载保护环节。

3. 分析控制电路

控制电路可分为主电动机 M1 的控制电路和电动机 M2 及 M3 的控制电路两部分。由于主电动机控制电路比较复杂，因而还可进一步将主电动机控制电路分为正、反转启动，点动和停车制动等局部控制电路。下面对各部分控制电路进行分析。

（1）主电动机正、反转启动与点动控制电路。由图 1.53（a）可知，当正转启动按钮 SB3 压下时，其两动合触点同时闭合，一动合触点接通，交流接触器 KM3 的线圈电路和时间继电器 KT 的线圈电路，时间继电器的动断触点在主电路中短接电流表 A，以防止电流对电流表的冲击，经延时断开后，电流表接入电路正常工作；KM3 的主触点将主电路中限流电阻短接，其辅助动合触点同时将中间继电器 KA 的线圈电路接通，KA 的动断触点将停车制动的基本电路切除，其动合触点与 SB3 的动合触点均在闭合状态，控制主电动机的交流接触器 KM1 的线圈电路得电工作并自锁，其主触点闭合，电动机正向直接启动并结束。KM1 的自锁回路由它的动合辅助触点和 KM3 线圈上方的 KA 的动合触点组成自锁回路，来维持 KM1 的通电状态。反向直接启动控制过程与其相同，只是启动按钮为 SB4。

SB2 为主电动机点动控制按钮。按下 SB2 点动按钮，直接接通 KM1 的线圈电路，电动机 M1 正向直接启动，这时 KM3 线圈电路并没有接通，因此其主触点不闭合，限流电阻接入主电路限流，其辅助动合触点不闭合，KA 线圈不能得电工作，从而使 KM1 线圈电路形不成自锁，松开按钮，M1 停转，实现了主电动机串联电阻限流的点动控制。

（2）主电动机反接制动控制电路。图 1.53（b）所示为主电动机反接制动控制电路的构成。C650 型卧式车床采用反接制动的方式进行停车制动，停车按钮按下后开始制动过程。当电动机转速接近零时，速度继电器的触点打开，结束制动。以原工作状态为正转时进行停车制动过程为例，说明电路的工作过程。当电动机正向转动时，速度继电器 KS 的动合触点 KS1 闭合，制动电路处于准备状态，压下停车按钮 SB1，切断控制电源，KM1、KM3、KA 线圈均失电，此时控制反接制动电路工作与不工作的 KA 动断触点恢复原状闭合，与 KS1 触点一起，将反向启动交流接触器 KM2 的线圈电路接通，电动机 M1 接入反向序电流，反向启动转矩将平衡正向惯性转动转矩，强迫电动机迅速停车。当电动机速度趋近于零时，速度继电器触点 KS2 复位打开，切断 KM2 的线圈电路，完成正转的反接制动。

在反接制动过程中，KM3 失电，所以限流电阻 R 一直起限制反接制动电流的作用。反转时的反接制动工作过程相似，此时反转状态下，KS2 触点闭合，制动时，接通交流接触器 KM1 的线圈电路，进行反接制动。

另外，接触器 KM3 的辅助触点数量是有限的，故在控制电路中使用了中间继电器 KA，因为 KA 有主触点，而 KM3 辅助触点又不够，所以用 KM3 来带一个 KA，这样解决了在主电路中使用主触点，而控制电路辅助触点不够的问题。

（3）刀架的快速移动和冷却泵电动机的控制。刀架快速移动是由转动刀架手柄压动位置开关 SQ，接通快速移动电动机 M3 的控制接触器 KM5 的线圈电路，KM5 的主触点闭合，M3 电动机启动运行，经传动系统驱动溜板带动刀架快速移动。

冷却泵电动机 M2 由启动按钮 SB6，停止按钮 SB5 和 KM4 辅助触点组成自锁回路，并控制接触器 KM4 线圈电路的通断，来实现电动机 M2 的控制。

开关 SA 可控制照明灯 EL，EL 的电压为 36V 安全照明电压。

上述 C650 卧式车床电气控制线路的功能如下：

1）主轴与进给电动机 M1 主电路具有正、反转控制、点动控制以及监视电动机绕组工作电流变化的电流表和电流互感器。

2）该机床采用反接制动的方法控制 M1 的正、反转制动。

3）能进行刀架的快速移动。

第2章 三相异步电动机的基本控制线路

2.1 继电接触器控制技术

2.1.1 继电接触器控制技术概述

继电接触器控制系统是一种传统的自动控制方式，它主要由各种接触器、继电器、按钮、行程开关等电器元件组成，完成对电动机启动、换向、制动、点动、顺序控制及保护等功能，满足生产工艺要求，实现生产加工自动化。这种控制系统有以下优点：

（1）能满足电动机的动作要求，如能够实现启动、制动、反转或在一定范围内平滑调速。

（2）各电气元件可按一定的顺序准确动作，抗干扰性强，不易发生误动作。

（3）设有安全保护电路，在电路发生故障时能实施保护，防止事故扩大化。

（4）可采用自动和手动两种控制方式，维护和操作方便。

（5）线路短，元件少，结构简单，故障率低，经济性较好。

但继电接触器控制动作缓慢，触点易烧蚀，寿命短，可靠性差，控制系统体积大，耗电量多，因此不适合复杂的控制系统。

在继电接触器控制系统中，所使用的电器元件以低压电器为主。一般包括：控制电器，用来控制电动机的启动、制动、反转和调速，如磁力启动器、接触器、继电器等；保护电器，用来保护电动机和电路中一些重要元器件，如熔断器、过电压和过电流保护电器等；执行电器，用来操纵或带动机械装置运动。

由于各种生产机械的工作性质和加工工艺不同，它们对电动机的控制要求也不同。要使电动机按照生产机械的要求正常、安全地运转，必须配备一定的电器，组成一定的控制线路，才能达到目的。在生产实践中，一台生产机械的控制线路可以比较简单，也可能相当复杂，但任何复杂的控制线路总是由一些基本控制线路有机地组合起来的。电动机常见的基本控制线路有点动控制线路、正转控制线路、正反转控制线路、位置控制线路、顺序控制线路、多地控制线路、降压启动控制线路、调速控制线路和制动控制线路等。

常用电气控制线路图纸有电路原理图、电器布置图、安装接线图。对于初学者来说，首先要掌握电路原理图。

电路原理图是根据生产机械运动形式对电气控制系统的要求，采用国家统一规定的电气图形符号和文字符号，按照电气设备和电器的工作顺序，详细表示电路、设备或成套装置的全部基本组成和连接关系，而不考虑实际位置的一种简图。它是电气线路安装、调试、维修的理论依据。

电路原理图一般分为主电路和辅助电路两部分。主电路是电气控制线路中强电流通过的部分，由电动机及其相连接的电器元件组成；辅助电路中通过的电流比较小，包括控制电路、照明电路、信号电路及保护电路等，其中最主要部分为控制电路，由接触器的线圈和辅助触点、继电器的线圈和触点、按钮以及其他元件等组成。

绘制电路原理图主要遵循的原则为：图中所有的元器件都应使用国家统一的图形和文字符号。

主电路绘制在图面的左侧或上方，辅助电路绘制在图面的右侧或下方。电器元件按功能布置，尽可能按动作顺序排列，按从左到右、从上到下的方式布局，避免线条交叉。

所有电器的可动部分均以自然状态画出。所谓自然状态是指各种电器在没有通电或没有外力作用时的状态。同一元件的各个部分可以不画在一起，但必须使用统一文字符号；对于多个同类电器，需要在其文字符号后加上一个数字序号，以示区别，如 KM1、KM2 等。

根据图面布局的需要，可以将图形符号旋转 90°或 180°或 45°绘制，画面可以水平布置或者垂直布置。

原理图的绘制要层次分明，各元器件安排合理，所用元件最少，耗能最少，同时应保证线路运行可靠，节省连接导线以及施工、维修方便等。

2.1.2 继电接触器控制电路的安装及工艺

2.1.2.1 安装电路的规则

要使安装的三相异步电动机控制电路符合调试、试车的功能，就必须掌握安装电路的相关规则。

1. 操作步骤

（1）熟悉电气原理图、掌握电路控制动作的顺序。

（2）依据原理图绘制电器位置图和接线图。

（3）要求检查电器元件的数量和质量。

（4）按电器位置图将电器元件固定牢靠。

（5）按照接线图布线。

（6）检查电路后，给电动机通电试车。

2. 操作方法及注意事项

在每个安装过程中，要掌握一定的操作方法和注意事项。

（1）绘制、阅读电气控制电路原理图。

（2）绘制电气安装图。

（3）检查电器元件的原则。

安装接线前应对所使用的电器元件逐个进行检查，避免电器元件故障与电路错接、漏接造成的故障混在一起。

1）检查电器元件的型号、规格、额定电压、额定电流是否符合电路的要求。

2）检查电器元件的外观。

3）检查电器元件的触点系统。

4）检查电器的电磁机构和传动部件。

5）用万用表测量所有电器元件的电磁线圈（包括继电器、接触器及电动机）的直流电阻值并做好记录，以备检查电路和排除故障时作为参考。

（4）固定电器元件。

1）在安装板上，依据电器位置图和电器元件安装要求，固定元件，并按电气原理图上的符号在各电器元件的醒目处，贴上标志。

2）元件之间的距离要适当，既要节省板面，又要方便走线和投入动作的检修。固定元件时应按以下步骤进行。

a. 定位——用尖锥在安装孔中心做好记号。

b. 打孔——孔径略大于固定螺钉的直径。

c. 固定——用螺钉将电器元件固定在安装板上，固定电器元件时，在螺钉上加装平垫圈和弹簧垫圈。

（5）控制电路的布线原则。

1）接头接点布线工艺。

选择适当截面的导线并校直，按接线图规定的方位，在固定好的电器元件之间截取合适长度的导线，剥去两端的绝缘皮，用钳口钳成型。将成型好的导线套上线号管。

a. 线头与接线柱的连接应做到单股芯线头连接时，按顺时针方向绕成圆环压进接线端子，要放垫片、弹簧垫圈，避免拧紧螺钉时导线挤出造成虚接，同时防止电器动作时因振动而松脱。

b. 外露裸导线不超过芯线外径，每个接点不超过两个线头。

c. 芯线与接线端圆孔连接时，芯线头插入接线端子的圆孔时要插到底，不要悬空，更不能压绝缘皮，拧紧上面螺钉，保证导线与端子接触良好，使用多股芯线时，要将线头绞紧，必要时要烫锡处理。

d. 软线与接线柱连接时，线头绞紧后顺时针方向围绕螺钉一圈后回绕一圈压入螺钉。

2）板前布线工艺。

a. 接线时，按接线图规定的线路方位进行接线，从电源端开路按线号顺序做，先做主电路，再做控制电路。

b. 走线尽量在一个平面内，不要交叉，布线要横平竖直，弯成直角。

c. 布线通道尽可能少，同路并列的导线按主控电路分类集中，单层密排，靠近安装底板布线。

d. 安装板内外的电器元件要通过接线排进行连接，安装板外部按钮、行程开关、电动机的连线应穿护线管在接线端子排外标清线号。

3）板后网式安装工艺。

a. 复杂的电器控制板（箱）可采用板后布线，用专用绝缘穿线板，由板后穿到板前，接到电器元件的接线柱上。

b. 根据两个接线柱的位置决定走线方位，导线拉直即可。

c. 从板后穿到板前的导线，要求线路横平竖直，弯成直角。

d. 根据设计要求用软线、单股硬线均可。

e. 接头接点要求与板前布线工艺相同。

4）塑料槽板布线工艺。

a. 复杂的电器控制设备采用塑料槽板布线，槽板应安装在控制板上与电器元件位置横平竖直。

b. 将主控回路导线自由放到槽内，将接线端线头从槽板侧孔穿出至电器元件的接线柱，布线完毕后将槽板扣上。

c. 槽板拐弯的接合处成直角，要结合牢固。

d. 接头、接点工艺与板前布线安装要求相同。

5）线束布线工艺。

a. 复杂的控制电路，按主、控回路分别排成线束。

b. 每根导线两端套上相同的线号管。

c. 尽量横平竖直拐成直角，力求布线整齐。

d. 接头、接点要求与板前布线工艺相同。

2.1.2.2　电力拖动控制线路安装方法

1. 安装电器元件

（1）安装前首先看明图纸及技术要求。

（2）检查产品型号、元器件型号、规格、数量等与图纸是否相符。

（3）检查元器件有无损坏。

（4）元器件组装顺序应从板前视，由左至右，由上至下。

（5）同一型号产品应保证组装一致性。

（6）安装后的电路应符合以下条件：操作方便，元器件在操作时，不应受到空间的妨碍，不应有触及带电体的可能；维修容易，能够较方便地更换元器件及维修连线；各种电器元件和装置的电气间隙、爬电距离应符合规定；保证一、二次线的安装距离。

（7）安装所用紧固件及金属零部件均应有防护层，对螺钉过孔、边缘及表面的毛刺、尖峰应打磨平整后再涂敷导电膏。

（8）对于螺栓的紧固应选择适当的工具，不得破坏紧固的防护层，并注意相应的扭矩。

2. 连接导线

实际安装仍然遵循先辅助电路，后主电路，由内而外进行连接的原则。一般情况下，辅助电路的安装是从接触器等元件的线圈开始，先做0号线，完成后，再从辅助电路图中最左边线圈的非0号端开始，从左向右一条一条地向上进行安装。特别要指出的是，每一安装步骤要做完一个线号的所有导线，即一个线号的导线不能分多次连接，以防出错。

下面以位置控制电路中3号线为例来说明安装过程：

首先根据接线图中各接点的标注位置，在实物上找到该线号全部相应的接点。3号线共有5个接点：SB3常闭触点12端的3、SB1、SB2，常开触点13端的3、KM1、KM2，常开辅助触点13端的3，然后在实物上用导线按空间的顺序依次连接所有的接点，导线的根数为接点数减1。

接线工艺是学生实习中一个难点。工艺要求导线与电器的连接处不压绝缘层、不露铜芯、不得出现交叉线，接出的线要横平竖直，转角成90°，整齐美观；主、辅线路要分路敷设，颜色也要区分等。为了提高接线速度，可将常用尺寸，如接触器触头、线圈等接线桩距板面的高度，画在电工模拟板上，要用时就不需从实物上量取而从尺寸上量取就行了。当然对于上述工艺要求还需经过反复练习才能熟练掌握。

3. 检查电路

在电路安装结束后，如何在不通电的情况下快速地检查线路是否正确，也是一个难点。如果一条线一条线地核对，这样所花时间长，效果也不好。通常采用按动所有能动的元件，改变其触头状态，从而改变元件线圈接入电路的情况，一般用测量辅助线路两端（0 号线与 1 号线之间）的直流电阻来进行判断。常用元件线圈（380V）直流电阻值是：接触器（CJ10 - 20）1800Ω；中间继电器（JZ7 - 44）1200Ω；时间继电器（JS7 - 2A）1200Ω。

电路检测方法：用万用表 R×100Ω 挡测量 0 号线与 1 号线之间的直流电阻值。当所有元件均未按动前，其阻值应为无穷大，否则电路有误。当按下 SB2，则 KM1 线圈被接入电路，万用表测出其线圈的并联阻值约为 1800Ω；若测出阻值为 0Ω，说明电路短路，可查 KM1 线圈上的 0、1、2、3、4、5、6 号线；若测出阻值为∞Ω，说明电路断路，则说明 KM1 线圈未被接入电路，可查 KM1 线圈控制部分的相关连线。按下 SB3，则 KM1 线圈被接入电路，万用表测出其线圈的并联阻值约为 1800Ω；若测出阻值为 0Ω，说明电路短路，可查 KM2 线圈上的 0、1、2、3、7、8、9 号线；若测出阻值为∞Ω，说明电路断路，则说明 KM2 线圈未被接入电路，可查 KM2 线圈控制部分的相关连线。

2.1.2.3　万用表查找故障的方法

1. 电压分阶测量法

测量检查时，首先把万用表的量程选择开关置于交流电压 500V 的挡位上，然后按图 2.1 所示方法进行测量。

断开主电路，接通控制电路的电源。若按下启动按钮 SB1 时，接触器 KM 不吸合，则说明控制电路有故障。

检测时，需要两人配合进行。一人先用万用表测量 0 和 1 两点之间的电压，若电压为 380V，则说明控制电路的电源电压正常。然后由另一人按下 SB1 不放，一人把黑表笔接到 0 点上，红表笔依次接到 2、3、4 点上，分别测量出 0～2、0～3、0～4 两点间的电压。根据其测量结果即可找出故障点，见表 2.1。

表 2.1　　　　　　　　　　　　　电压分阶测量法查找故障点

故障现象	测试状态	0～2	0～3	0～4	故　障　点
按下 SB1 时，KM 不吸合	按下 SB1 不放	0	0	0	FR 动断（常闭）触头接触不良
		380	0	0	SB2 动断（常闭）触头接触不良
		380	380	0	SB1 动合（常开）触头接触不良
		380	380	380	KM 线圈断电

这种测量方法像下（或上）台阶一样依次测量电压，所以称为电压分阶测量法。

2. 电阻分阶测量法

测量检查时，首先把万用表的量程选择开关置于倍率适当的电阻挡，然后按图 2.2 所示方法进行测量。

断开主电路，接通控制电路电源。若按下启动按钮 SB1 时接触器 KM 不吸合，则说明控制电路有故障。

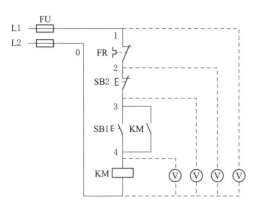

图 2.1　电压分阶测量法　　　　　　　　　图 2.2　电阻分阶测量法

检测时，首先切断控制电路电源（这点与电压分阶测量法不同），然后一人按下 SB1 不放，另一人用万用表依次测量 0～1、0～2、0～3、0～4 各两点之间的电阻值，根据测量结果可找出故障点，见表 2.2。

表 2.2　　　　　　　　　　　　　　　**电阻分阶测量法查找故障点**

故障现象	测试状态	0～1	0～2	0～3	0～4	故　障　点
按下 SB1 时，KM 不吸合	按下 SB1 不放	∞	R	R	R	FR 动断（常闭）触头接触不良
		∞	∞	R	R	SB2 动断（常闭）触头接触不良
		∞	∞	∞	R	SB1 动合（常开）触头接触不良
		∞	∞	∞	∞	KM 线圈断路

注　R 为 KM 线圈电阻值。

3. 电压分段测量法

首先把万用表的量程选择开关置于交流电压 500V 的挡位上，然后按如下方法进行测量。具体操作为：

如图 2.3 所示，先用万用表测量 0～1 两点间的电压，若为 380V，则说明电源电压正常。然后一人按下启动按钮 SB2，若接触器 KM1 不吸合，则说明电路有故障。这时另一人可用万用表的红、黑表笔逐段测量相邻两点 1～2、2～3、3～4、4～0 之间的电压，根据其测量结果即可找出故障点，见表 2.3。

表 2.3　　　　　　　　　　　　　　**电压分段测量法所测电压值及故障点**

故障现象	测试状态	1～2	2～3	3～4	4～0	故　障　点
按下 SB2 时，KM1 不吸合	按下 SB2 不放	380	0	0	0	FR 动断（常闭）触头接触不良
		0	380	0	0	SB1 动断（常闭）触头接触不良
		0	0	380	0	SB2 动合（常开）触头接触不良
		0	0	0	380	KM1 线圈断路

4. 电阻分段测量法

测量检查时，首先切断电源，然后把万用表的量程选择开关置于倍率适当的电阻挡，并逐段测量图 2.4 所示相邻号点 1～2、2～3、4～4（测量时由一人按下 SB2）、1～0 之间的电阻。如果测得某两点间电阻值很大（∞），即说明该两点间接触不良或导线断路，见表 2.4。

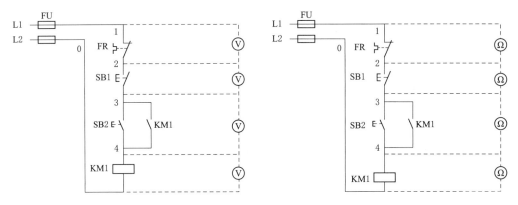

图 2.3　电压分段测量法　　　　　图 2.4　电阻分段测量法

表 2.4　　　　　　　　　　　　　　　电阻分段测量法查找故障点

故　障　现　象	测量点	电阻值	故　障　点
按下 SB2 时，KM1 不吸合	1～2	∞	FR 动断（常闭）触头接触不良或误动作
	2～3	∞	SB1 动断（常闭）触头接触不良
	3～4	∞	SB2 动合（常开）触头接触不良
	4～0	∞	KM1 线圈断路

电阻分段测量法的优点是安全，缺点是测量电阻值不准确时，易造成判断错误，为此应注意以下几点：

（1）用电阻测量法检查故障时，一定要先切断电源。

（2）所测量电路若与其他电路并联，必须将该电路与其他电路断开，否则所测电阻值不准确。

（3）测量高电阻电气元件时，要将万用表的电阻挡转换到适当挡位。

2.2　三相交流异步电动机原理

三相交流异步电动机构造简单、价格便宜、工作可靠，用来拖动各种生产机械。例如：机床、水泵、起重机、压缩机、鼓风机等，广泛应用在各行各业和人们的日常生活之中。

交流电动机是将交流电能转换成机械能的装置，可分为异步电动机和同步电动机，其中异步电动机最为常用，其外形如图 2.5 所示。

2.2.1　三相异步电动机的结构

三相异步电动机主要由固定部分的定子和转动部分的转子两大部分组成。

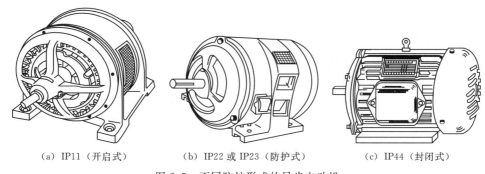

(a) IP11（开启式）　　　　(b) IP22 或 IP23（防护式）　　　　(c) IP44（封闭式）

图 2.5　不同防护形式的异步电动机

1. 定子

三相异步电动机的定子是由机座、定子铁芯、定子绕组等组成。机座内装有用 $0.35\sim$ 0.5mm 厚的硅钢片叠压成的筒形定子铁芯，如图 2.6 所示。

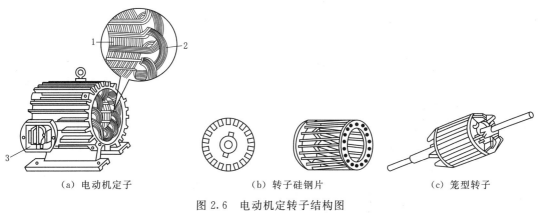

(a) 电动机定子　　　　　(b) 转子硅钢片　　　　　(c) 笼型转子

图 2.6　电动机定转子结构图

1—定子铁芯；2—绕组；3—接线盒图

定子铁芯的内圆圈上有若干均匀分布的铁芯槽，用来安装定子绕组（线圈）。

2. 转子

三相异步电动机的转子是由转子铁芯和转子绕组组成，转子铁芯由图 2.6（b）所示的硅钢片叠成。转子绕组如图 2.6（c）所示。

转子铁芯固定在转轴上，在转子铁芯的外圆上均匀分布着放导条或线圈的槽，各槽中的线圈连接起来成为转子绕组，如果单独将转子绕组拿出来，形状像一个笼子，故称笼型绕组，这种绕组的电动机称为笼型异步电动机。还有一种是绕线型绕组，这种绕组的电动机称为绕线转子异步电动机，两种电动机只是转子绕组的结构不同，而工作原理基本相同。

2.2.2　三相异步电动机各部分的用途及所用材料

1. 定子

（1）机座。机座是电动机的外壳和支架，用铸铁或铸钢制成，用途是固定和保护定子铁芯及定子绕组并支撑端盖，以便安装固定电动机。

（2）定子铁芯。定子铁芯是电动机磁路的一部分，主要起导磁作用，要求用导磁性能好且涡流损耗小的铁磁材料制成，用硅钢片叠压而成。

（3）定子绕组。定子绕组是电动机的电路部分，通以三相交流电后产生旋转磁场，一般用高强度漆包线或外层包有绝缘的铜或铝导线绕制而成。

2．转子

转子是在定子绕组形成的旋转磁场的作用下获得一定转矩而旋转，带动机械负载工作。

（1）转子铁芯。转子铁芯也是电动机磁路的一部分，它与定子铁芯之间有一定的间隙（称空气隙），转子铁芯与定子铁芯一样，也是在硅钢片外圆上冲槽并叠压而成。

（2）转子绕组。转子绕组也是电动机的电路部分，当三相异步电动机定子绕组通入三相交流电后，产生旋转磁场，转子绕组将切割磁感线产生感应电流。

（3）转轴。用它支撑转子铁芯，以承受较大的转矩。

3．其他部分

（1）风扇。增加散热。

（2）端盖。起支撑转子和防护作用，一般是铸铁。

（3）接线盒。接线盒固定在机壳上，接线盒内装有接线板，板上有接线柱，连接定子绕组引出线。

2.2.3　三相异步电动机接线盒内的接线

一台电动机的内部接线主要包括星形或三角形两种形式，具体连接形式可从电动机铭牌上查看。电动机的三相定子绕组，每相绕组有两个出线端，一端叫作首端，另一端叫作尾端，规定第一相绕组的首端用 U1 表示，尾端用 U2 表示，第二相绕组的首端用 V1 表示，尾端用 V2 表示，第三相绕组的首端和尾端分别用 W1 和 W2 表示，三相绕组共有 6 个出线端，分别接到接线盒的接线柱上，接线柱上相应标出 U1、V1、W1、W2、U2、V2。三相定子绕组的 6 个出线端可将三相定子绕组接成星形或三角形。

三相异步电动机接线盒内的接线如图 2.7 所示。

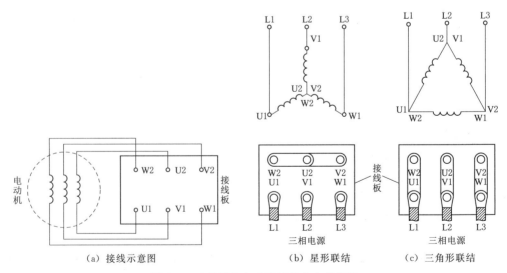

图 2.7　三相异步电动机接线盒内的接线

星形联结形式将三相定子绕组的尾端连在一起，即将 W2、U2、V2 接线端用铜片连接在一起；将三相定子绕组的首端分别接入三相交流电源，即将 U1、V1 和 W1 分别接 L1、L2 和 L3 三相电源。

三角形联结形式将第一相绕组的首端 U1 与第三相绕组的尾端 W2 连接在一起，再接入第一相电源，第二相绕组的首端 V1 与第一相绕组的尾端 U2 接在一起，再接入第二相电源，第三相绕组的首端 W1 与第二相绕组的尾端 V2 接在一起，再接入第三相电源。

三相定子绕组依据电力网的线电压和各相绕组的额定电压接成星形还是三角形。如果电力网的线电压是 380V，电动机各相定子绕组的额定电压是 220V，那么定子绕组必须作星形联结。三相定子绕组的首、尾端根据生产厂商定，不能随意颠倒，但是可以将三相定子绕组的首、尾端一起颠倒。

2.2.4 三相异步电动机的铭牌

在异步电动机的机座上都钉有一块铭牌，铭牌上标出电动机的技术数据，通过铭牌上的技术数据可以了解电动机的性能，根据加工生产机械的需要选用电动机。表 2.5 是一台异步电动机的铭牌。

表 2.5   **异 步 电 动 机 的 铭 牌**

	三 相 异 步 电 动 机		
	型号 Y2 - 132S - 4	功率 5.5kW	电流 11.7A
频率 50Hz	电压 380V	接法 △	转速 1440r/min
防护等级 IP44	重量 68kg	工作制 SI	F 级绝缘
××电机厂			

铭牌数据的含义如下：

（1）常用的封闭式异步电动机的型号如图 2.8 所示。

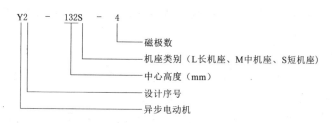

图 2.8   常用的封闭式异步电动机的型号

（2）额定功率。电动机在额定工作状态下运行时，轴上所能输出的机械功率为 2.5kW，单位千瓦（kW）。

（3）额定频率。加在电动机定子绕组上的交流电的频率为 50Hz。

（4）额定电压。电动机定子绕组规定使用的线电压，单位是伏（V）或千伏（kV）。

（5）额定电流。电动机在额定工作状态下运行时，电源输入电动机的线电流为 11.7A，单位是安（A）。

（6）额定转速。电动机在额定运行情况下，转子的转速为 1440r/min。

（7）绝缘等级。电动机绝缘材料的耐热等级为 F 级。

（8）接法。电动机三相绕组的连接方法为△联结。

（9）工作制。电动机在额定条件下工作时，可以持续运行的时间和顺序。

2.2.5　双速异步电动机

双速异步电动机是变极调速中最常用的一种形式，双速电动机定子绕组接线如图 2.9 所示。

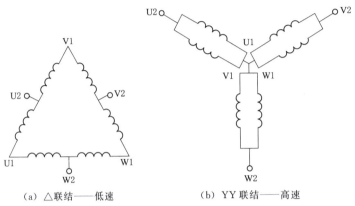

（a）△联结——低速　　　　　（b）YY 联结——高速

图 2.9　双速电动机定子绕组接线图

图 2.9（a）为电动机三相定子绕组做△联结，定子各相绕组的两个线圈串联，三相电源分别与接线端 U1、V1 和 W1 相连，每相绕组的中点接线端 U2，V2 和 W2 空着不接，此时电动机磁极为 4 极，同步转速为 1500r/min。

图 2.9（b）为电动机三相定子绕组做 YY 联结，定子各相绕组的接线端 U1、V1 和 W1 连接在一起，三相电源分别与接线端 U2、V2 和 W2 相连。此时电动机磁极为 2 极，同步转速为 3000r/min，可见双速电动机高转速是低转速的两倍。

注意：这种类型的双速异步电动机从一种联结改为另一种联结时，为了保证旋转方向不变，应把电源相序反过来。

2.2.6　电动机的检查

安装电动机前，要对电动机进行全面检查，避免安装运行后出现故障，检查内容如下：

（1）核对铭牌上的各项数据与图纸规定是否相符。

（2）检查外观，油漆完好，外壳、风罩、风叶无破损，有旋向标志。

（3）检查装配，符合装配要求，轴转动灵活，端盖、电扇安装牢固，润滑脂正常。

（4）用仪表检测，用兆欧表检测电动机绕组间及绕组与机壳的绝缘，用万用表检查三相绕组的通、断。

经外观检查、电气实验，确认电动机完好，才可安装。

2.3　三相异步电动机的单元控制线路

三相异步电动机的单元控制线路主要涉及电动机的启动、运行和停止等控制功能。电源通过断路器或开关连接到电动机的控制线路，接通或断开整个控制线路的电源。启动控制部分通常包括一个启动按钮和一个相关的继电器或接触器。当按下启动按钮时，继电器或接触器的线圈会被激活，使其触点闭合，从而将电源连接到电动机。这样，电动机就会开始运转。

在电动机运行过程中，可能还需要其他控制功能，如速度控制或方向控制。这些功能可以通过额外的控制器或传感器实现，如变频器可以控制电动机的速度，而正反转控制器则可以改变电动机的旋转方向。当按下停止按钮时，继电器或接触器的线圈会失活，使其触点断开，从而切断电动机的电源，使电动机停止运转。控制线路中通常还会包含一些保护设备，如过载继电器、热继电器或熔断器等。

需要注意的是，具体的控制线路设计会根据电动机的类型、功率和应用场景的不同而有所差异。在实际应用中，还需要考虑电动机的启动特性、运行稳定性以及安全性等因素。

2.3.1　三相异步电动机点动控制线路

三相异步电动机的点动控制线路是一种灵活且实用的控制方式，能够满足多种短时、断续工作的需求，在多种工业场合中有广泛应用，如电动葫芦、机床快速移动装置、龙门刨床横梁的上下移动等。

在三相异步电动机的点动控制线路中，当合上电源开关 QS 时，电动机是不会启动运转的，因为这时接触器 KM 的线圈未通电，它的主触头处在断开状态，电动机 M 的定子绕组上没有电压。若要使电动机 M 转动，只要按下按钮 SB，使线圈 KM 通电，主电路中的主触头 KM 闭合，电动机 M 即可启动。但松开按钮 SB，线圈 KM 失电释放，KM 主触头分开，切断电动机 M 的电源，电动机即停转。这种只有按下按钮电动机才会运转、松开按钮即停转的线路，称为点动控制线路。如图 2.10 所示。

检查接线无误后，接通交流电源，"合"开关 QS，此时电机不转，按下按钮 SB，电机即可启动，松开按钮电机即停转。若出现电机不能控制或熔断芯熔断等故障，则应"分"断电源，分析排除故障后使之正常工作。

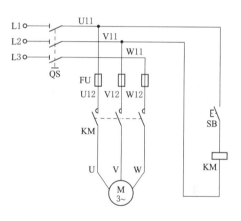

图 2.10　三相异步电动机点动控制线路

三相异步电动机点动控制线路电气元件明细见表 2.6。三相异步电动机点动接线线路如图 2.11 所示。

表 2.6　　　　　　　　三相异步电动机点动控制线路电气元件明细表

代号	名　称	型　号	代号	名　称	型　号
QS	空气开关	DZ47 - 63/3P/10A	SB	按钮开关	LAY16
FU	熔断器	RT18 - 32/3A	M	三相鼠笼式异步电动	WDJ26（380V/△）
KM	交流接触器	LC1 - D0610Q5N			

2.3.2　三相异步电动机的直接启动控制线路

三相异步交流电动机可以通过低压开关直接控制电动机的启动和停止，在工厂中常用来控制三相电风扇和砂轮机等设备。低压开关起接通、断开电源作用，熔断器做短路保护。

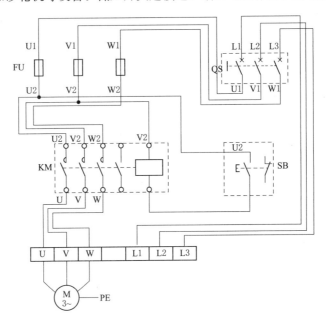

图 2.11　三相异步电动机点动接线线路

在图 2.12 中，三相异步电动机的直接启动时，合上低压开关 QS，电动机 M 接通电源启动运转；拉开低压开关 QS，电动机 M 脱离电源失电停转。三相异步电动机的直接启动控制线路电气元件明细见表 2.7。

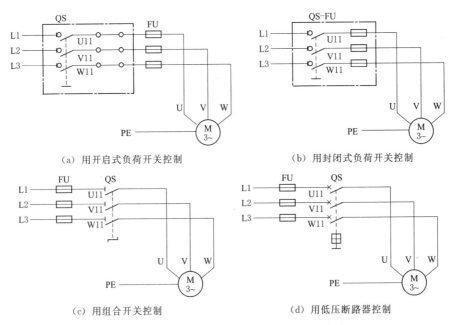

　（a）用开启式负荷开关控制　　　　　　　（b）用封闭式负荷开关控制

　（c）用组合开关控制　　　　　　　　　　（d）用低压断路器控制

图 2.12　三相异步电动机的直接启动控制线路

表 2.7　　　　　　　　　三相异步电动机的直接启动控制线路电气元件明细表

代号	名　　称	型　　号	代号	名　　称	型　　号
QS	空气开关	DZ47-63/3P/10A	M	三相鼠笼式异步电动机	WDJ26（380V/△）
FU	熔断器	RT18-32/3A			

三相异步交流电动机也可以通过控制按钮及接触器来实现电动机的启动和停止控制，图 2.13 为具有欠压、失压（或零压）和过载保护的接触器控制的三相异步电动机的直接启动控制线路。若去掉 KM 的常开触点和停止按钮 SB2，则构成简单的点动控制线路。其工作原理为：按下 SB1 按钮，则 KM 线圈得电，使电动机 M 运转；松开 SB1 按钮，则 KM 线圈断电，使电动机 M 停转。

线路的工作操作流程如下：

（1）启动。

当松开 SB1，其常开触点恢复分断后，因为接触器 KM 的常开辅助触点闭合时已将 SB1 短接，控制电路仍保持接通，所以接触器 KM 继续得电，电动机 M 实现连续运转。像这种当松开启动按钮 SB1 后，接触器 KM 通过自身常开辅助触点而使线圈保持得电的作用叫作自锁。与启动按钮 SB1 并联起自锁作用的常开辅助触点叫自锁触点。

（2）停止。

当松开 SB2 按钮，其常闭触点恢复闭合后，因接触器 KM 的自锁触点在切断控制电路时已分断，解除了自锁，SB1 也是分断的，所以接触器 KM 不能得电，电动机 M 也不会转动。

接触器控制的三相异步电动机的直接启动控制线路如图 2.13 所示。在该线路中，熔断器 FU 起到短路保护的作用，接触器起到欠压和失压保护的作用，热继电器起到过载保护的作用。

（1）欠压保护。"欠压"是指线路电压低于电动机应加的额定电压。"欠压保护"是指当线路电压下降到某一数值时，电动机能自动脱离电源停转，避免电动机在欠压下运行的一种保护。采用接触器自锁控制线路就可避免电动机欠压运行。因为当线路电压下降到一定值（一般指低于额定电压 85% 以下）时，接触器线圈两端的电压也同样下降到此值，从而使接触器线圈磁通减弱，产生的电磁吸力减小。当电磁吸力减小到小于反作用弹簧的拉力时，动铁芯被迫释放，主触点、自锁触点同时分断，自动切断主电路和控制电路，电动机失电停转，达到了欠压保护的目的。

（2）失压（或零压）保护。失压保护是指电动机在正常运行中，由于外界某种原因引起突然断电时，能自动切断电动机电源；当重新供电时，保证电动机不能自行启动的一种保护。接触器自锁控制线路也可实现失压保护。因为接触器自锁触点和主触点在电源断电时已经断开，使控制电路和主电路都不能接通，所以在电源恢复供电时，电动机就不会自行启动运转，保证了人身和设备的安全。

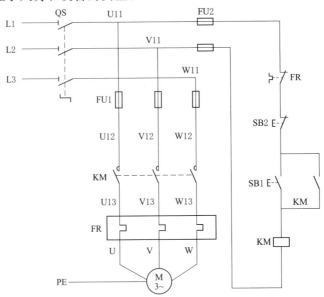

图 2.13　接触器控制的三相异步电动机的直接启动控制线路

（3）过载保护。电动机在运行过程中，如果长期负载过大，或启动操作频繁，或者缺相运行等原因，都可能使电动机定子绕组的电流增大，超过其额定值。而在这种情况下，熔断器往往并不熔断，从而引起定子绕组过热，使温度升高，若温度超过允许温升，就会使绝缘损坏，缩短电动机的使用寿命，严重时甚至会使电动机的定子绕组烧毁。在接触器自锁正转控制线路中，如果电动机在运行过程中，由于过载或其他原因使电流超过额定值，那么经过一定时间，串接在主电路中热继电器的热元件因受热发生弯曲，通过动作机构使串接在控制电路中的常闭触点分断，切断控制电路，接触器 KM 的线圈失电，其主触点、自锁触点分断，电动机 M 失电停转，达到了过载保护的目的。

但是，热继电器在三相异步电动机控制线路中只能做过载保护，不能做短路保护，因为热继电器的热惯性大，即热继电器的双金属片受热膨胀弯曲需要一定的时间。当电动机发生短路时，由于短路电流很大，热继电器还没来得及动作，供电线路和电源设备可能已经损坏。

2.3.3　三相异步电动机多地控制线路

大型机床为了操作方便，常常要在两个或两个以上的地点都能进行操作。能在两地或多地控制同一台电动机的控制方式叫电动机的多地控制，其接线的原则是两地的"启动"按钮的常开触点并联连接，两地的"停止"按钮的常闭触点串联连接。

图 2.14 所示为三相异步电动机两地控制电路图。在该线路图中，SB11、SB12 为安装在甲地的启动按钮和停止按钮；SB21、SB22 为安装在乙地的启动按钮和停止按钮。两地的启动按钮 SB11、SB21 要并接在一起；停止按钮 SB12、SB22 要串接在一起。这样就可以分别在甲、乙两地启动和停止同一台电动机，达到操作方便之目的。对三地或多地控制，只要把各地的启动按钮并接、停止按钮串接就可以实现。

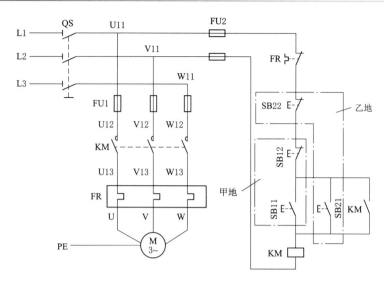

图 2.14 三相异步电动机两地控制电路图

三相异步电动机两地控制电路电气元件明细见表 2.8。三相异步电动机的两地控制线路接线如图 2.15 所示。

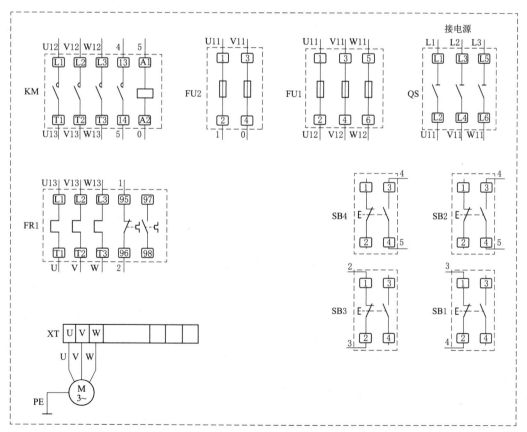

图 2.15 三相异步电动机的两地控制线路接线图

表 2.8　　　　　　　　　三相异步电动机两地控制电路电气元件明细表

代号	名　称	型　号	代号	名　称	型　号
QS	空气开关	DZ47 - 63/3P/10A	FR1	热继电器座	JRS1D - 25 座
FU1	熔断器	RT18 - 32/3P	SB1、SB3	按钮开关	LAY16
FU2	熔断器	RT18 - 32/3P	SB2、SB4	按钮开关	LAY16
KM	交流接触器	LC1 - D0610Q5N	M	三相鼠笼异步电动机	WDJ26
FR1	热继电器	JRS1D - 25/Z (0.64 - 1A)			

2.3.4　三相异步电动机正反转控制线路

三相异步电动机的正反转控制线路主要用于控制电动机的正向旋转和反向旋转,在许多工业应用中都非常关键,如机床、输送带、搅拌机等设备都需要通过控制电动机的正反转来实现不同的工作需求。

2.3.4.1　三相异步电动机正反转控制线路(接触器联锁)

接触器联锁的三相异步电动机正反转控制是一种常用的电动机控制方法,它利用接触器的辅助触点实现电路的互锁,以确保电动机在正转和反转之间的切换过程中不会发生短路或误动作。在这种控制线路中,通常会有两个接触器,分别控制电动机的正转和反转。每个接触器都有一个主触点和一个或多个辅助触点。主触点用于接通或断开电动机的电源,而辅助触点则用于实现电路的互锁。

接触器联锁的三相异步电动机正反转控制线路如图 2.16 所示,先合上电源开关 QS,然后进行正、反转控制。

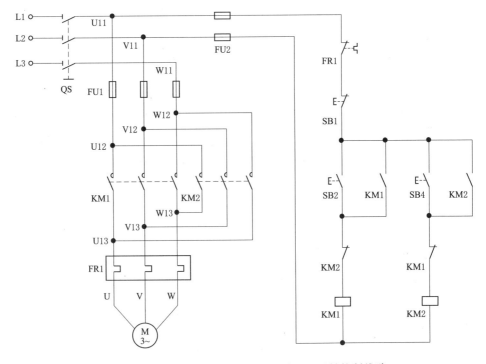

图 2.16　接触器联锁的三相异步电动机正反转控制线路

1. 正转控制

按下 SB2→KM1 线圈得电→KM1 主触点闭合、KM1 自锁触点闭合自锁、KM1 联锁触点分断对 KM2 联锁→电动机 M 启动连续正转，此时按 SB4 无效。

2. 反转控制

按下 SB1→KM1 线圈失电→KM1 主触点断开、KM1 自锁触点断开自锁、KM1 联锁触点闭合。再按下 SB4→KM2 线圈得电→KM2 主触点闭合、KM2 自锁触点闭合自锁、KM2 联锁触点分断对 KM1 联锁→电动机 M 启动连续反转，此时按 SB2 无效。

要使电机停止时，按下停止按钮 SB1→控制线路失电→KM2 主触点分断→电动机 M 失电停转。

从以上分析可知，接触器联锁正反转控制线路的优点是工作安全可靠，缺点是操作不便。因电动机从正转变为反转时，必须先按下停止按钮后，才能按反转启动按钮，否则由于接触器的联锁作用，不能实现反转。为克服此线路的不足，可采用按钮联锁或双重联锁的正反转控制线路。

接触器联锁的正反转控制线路电气元件明细见表 2.9。接触器联锁正反转控制线路接线如图 2.17 所示。正反转控制线路的接线较为复杂，特别是当按钮使用较多时。在电路中，两处主触头的接线必须保证相序相反；联锁触头必须保证常闭互串；按钮的接线必须正确、可靠、合理。仔细确认接线正确后，可接通交流电源，合上开关 QS，按下 SB2，电机应正转（电机右侧的轴伸端为顺时针转，若不符合转向要求，可停机，换接电机定子绕组任意两个接线即可）。如要电机反转，应先按 SB1，使电机停转，然后再按 SB4，则电机反转。若不能正常工作，则应分析并排除故障，使线路能正常工作。

表 2.9 接触器联锁的正反转控制线路电气元件明细表

代号	名　称	型　号	代号	名　称	型　号
QS	空气开关	DZ47 - 63/3P/10A	FR1	热继电器	JRS1D - 25/Z（0.64 - 1A）
FU1	熔断器	RT18 - 32/3P		热继电器座	JRS1D - 25 座
FU2	熔断器	RT18 - 32/3P	SB1	按钮开关	LAY16
KM1、KM2	交流接触器	LC1 - D0610Q5N	SB2、SB4	按钮开关	LAY16
	辅助触头	LA1 - DN11	M	三相鼠笼异步电动机	WDJ26（380V/△）

2.3.4.2 三相异步电动机正反转控制线路（双重联锁）

双重连锁的三相异步电动机正反转控制是一种结合了按钮联锁（机械联锁）和接触器联锁（电气联锁）的控制方式。这种控制方法不仅提高了电路的安全性，也确保了电动机在正转和反转切换过程中的稳定性。在实际应用中得到了广泛的使用，特别是在需要频繁切换电动机旋转方向的场景中，如电力拖动设备中所常用。

在双重连锁的控制线路中，正转和反转控制回路都设有互锁环节。当按下正转启动按钮时，正转接触器的线圈得电，其主触点闭合，电动机开始正转。此时，正转接触器的常闭辅助触点会断开反转接触器的控制回路，防止反转接触器得电。相反，当按下反转启动按钮时，反转接触器的线圈得电，电动机反转，同时反转接触器的常闭辅助触点会断开正转接触器的控制回路。

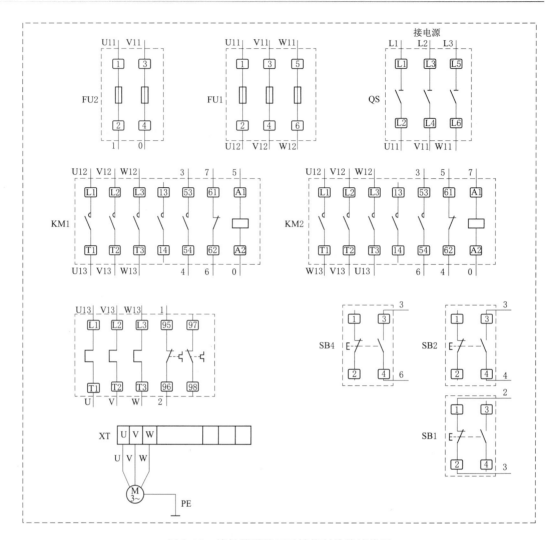

图 2.17　接触器联锁正反转控制线路接线图

在图 2.18 双重联锁的三相异步电动机正反转控制线路在先合上电源开关 QS，然后进行正、反转控制。

1. 正转控制

按下 SB2→SB2 常闭触点先分断对 KM2 联锁（切断反转控制线路），SB2 常开触点按后闭合→KM1 线圈得电→KM1 主触点及自锁触头闭合→电动机 M 启动连续正转，KM1 联锁触点分断对 KM2 联锁（切断反转控制线路）。

2. 反转控制

按下 SB4→SB4 常闭触点先分断→KM1 线圈失电→KM1 主触点分断→电动机 M 失电，SB4 常开触点后闭合→KM2 线圈得电→KM2 主触点及自锁触头闭合→电动机 M 启动连续反转，KM2 联锁触点分断对 KM1 联锁（切断正转控制线路）。

若要停止，按下 SB1，整个控制线路失电，主触点分断，电动机 M 失电停转。双重联锁的三相异步电动机正反转控制线路电气元件明细见表 2.10。双重联锁的三相异步电动机正反转控制线路接线如图 2.19 所示。

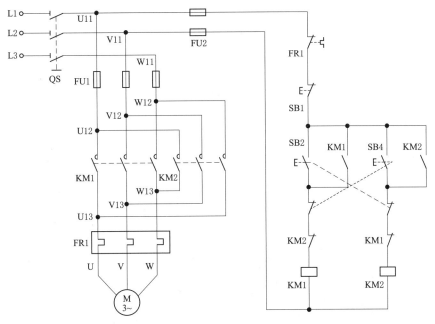

图 2.18　双重联锁的三相异步电动机正反转控制线路

表 2.10　　　　双重联锁的三相异步电动机正反转控制线路电气元件明细表

代号	名　称	型　　号	代号	名　称	型　　号
QS	空气开关	DZ47 – 63/3P/10A	FR1	热继电器	JRS1D – 25/Z（0.64 – 1A）
FU1	熔断器	RT18 – 32/3P		热继电器座	JRS1D – 25 座
FU2	熔断器	RT18 – 32/3P	SB1	按钮开关	LAY16
KM1、KM2	交流接触器	LC1 – D0610Q5N	SB2、SB4	按钮开关	LAY16
			M	三相鼠笼异步电动机	WDJ26（380V/△）

2.3.4.3　三相异步电动机正反转控制线路（自动往返）

　　自动往返的三相异步电动机正反转控制线路涉及电动机的正反转控制以及工作台的自动往返行程控制。为了实现自动往返功能，控制线路中设置了四个位置开关 SQ1、SQ2、SQ3 和 SQ4，分别被安装在工作台需要限位的位置。

　　图 2.20 为工作台自动往返正反转控制线路，主要由四个行程开关来进行控制与保护，其中 SQ1、SQ2 装在机床床身上，用来控制工作台的自动往返，SQ3 和 SQ4 分别安装在向左或向右的某个极限位置上，用来做终端保护，即限制工作台的极限位置。在工作台的 T 形槽中装有两块挡铁，挡铁 1 只能和 SQ1、SQ3 相碰撞，挡铁 2 只能和 SQ2、SQ4 相碰撞。当工作台运动到所限位置的时候，挡块碰撞行程开关，使其触点动作，自动切换正反转控制线路，并通过机械传动机构使工作台自动往返运动。工作台的行程可通过移动挡块位置来调节，以适应加工不同的工件。

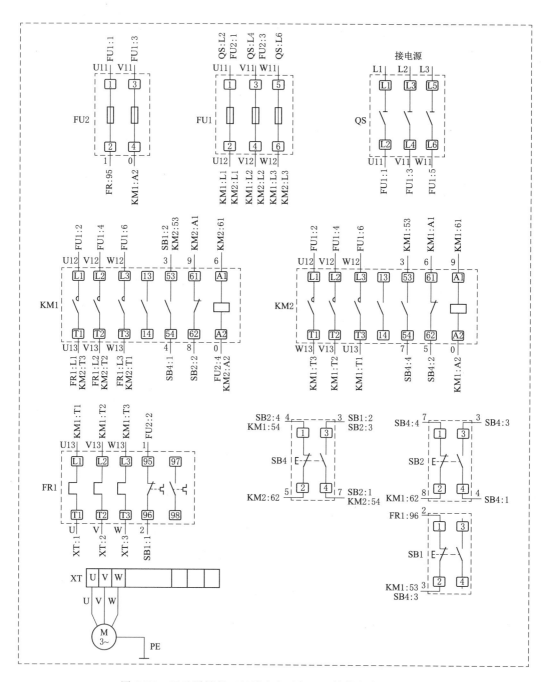

图 2.19　双重联锁的三相异步电动机正反转控制线路接线图

　　如果 SQ1 或 SQ2 失灵时工作台会继续向左或向右运动，当工作台运行到极限位置时，挡块就会碰撞 SQ3 或 SQ4，从而切断控制线路，迫使电机 M 停转，工作台就停止移动。SQ3 和 SQ4 实际上起终端保护作用，因此称为终端保护开关或简称终端开关。

　　工作台自动往返正反转控制线路电气元件明细见表 2.11。

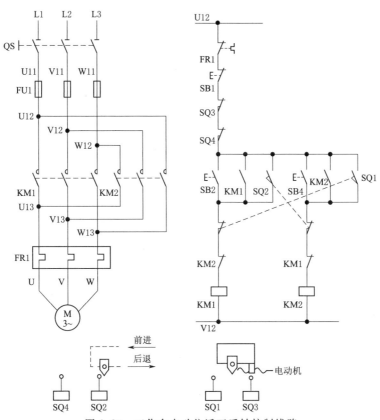

图 2.20　工作台自动往返正反转控制线路

表 2.11　　　　　　　工作台自动往返正反转控制线路电气元件明细表

代　号	名　称	型　号
QS	空气开关	DZ47 – 63/3P/10A
FU1	熔断器	RT18 – 32/3P
KM1、KM2	交流接触器	LC1 – D0610Q5N
FR1	热继电器	JRS1D – 25/Z（0.64 – 1A）
	热继电器座	JRS1D – 25 座
SQ1、SQ2、SQ3、SQ4	行程开关	JW2A – 11H
SB1	按钮开关	LAY16
SB2、SB4	按钮开关	LAY16
M	三相鼠笼异步电动机	WDJ26

　　工作台自动往返正反转控制线路接线如图 2.21 所示。

2.3.5　三相异步电动机的 Y/△ 启动控制线路

　　三相异步电动机的 Y/△ 启动目的是在启动时降低电动机的电流，减少对电源和机械的冲击，确保电动机平稳地过渡到正常运行状态，常用于需要重载启动或大型电动机的场合。在 Y/△ 启动控制线路中，电动机在启动时采用 Y 形接法，此时启动电流和启动转矩

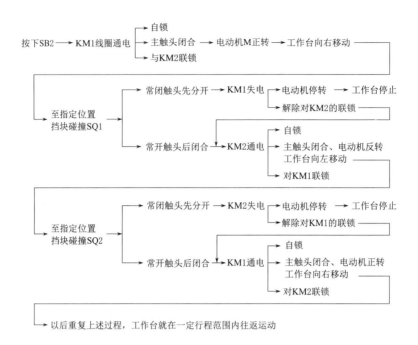

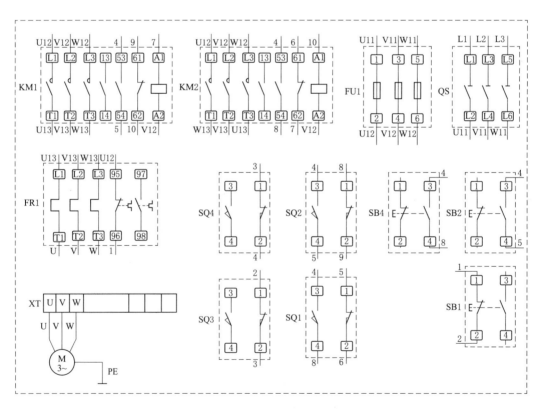

图 2.21　工作台自动往返正反转控制线路接线图

都降为正常运行时的 1/3。这种接法适用于空载或轻载的情况。随着电动机的启动和运行，控制线路会自动或手动地将电动机的接法从 Y 形接法切换到△形接法，以适应电动机正常运行时的需求。

在控制线路中，通常会使用接触器、时间继电器、热继电器等元件来实现对电动机接法的切换和保护。例如，接触器用于控制电动机的接通和断开，时间继电器用于控制启动过程中的延时切换，而热继电器则用于在电动机负载电流过大或发生缺相时断开控制回路，保护电动机和电路。

2.3.5.1　三相异步电动机的 Y/△启动控制线路（接触器控制）

接触器控制的 Y/△启动主要利用接触器对电动机线圈接法的切换，降低电动机启动时的电流冲击。具体来说，当电动机需要启动时，首先会通过接触器将电动机的线圈接成 Y 形。这种接法下，电动机的每相电压降低为额定电压的 1/3，从而大大降低了启动电流，有助于减少对电网的冲击，并保护电路和电动机免受过大电流的损害。还能够根据电动机的运行状态自动调整接法，确保电动机平稳启动并正常运行。

随着电动机转速逐渐上升并接近额定值，接触器会根据预设的控制逻辑自动切换电动机的接法，从 Y 形切换到△形。在△形接法下，电动机每相承受的电压恢复到额定电压，从而提供足够的动力使电动机正常运行。

用按钮和接触器控制的 Y/△降压启动线路如图 2.22 所示。该线路使用了 3 个接触器、1 个热继电器和 3 个按钮。

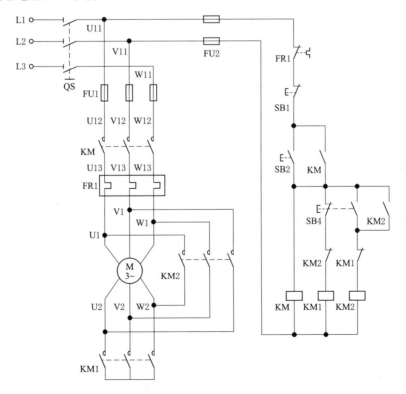

图 2.22　用按钮和接触器控制的 Y/△降压启动线路

线路的工作操作流程如下：

（1）电动机 Y 形接法降压启动：

（2）电动机△形接法全压运行：当电动机转速上升并接近额定值时：

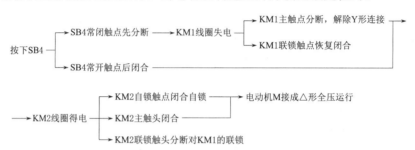

电动机定子绕组在 Y 形联结时启动电流为△形联结的 1/3，Y 形联结时的启动转矩也是△形联结时的 1/3，所以这种方法只适用于空载或轻载启动。

在该电路启动过程中容易出现故障问题，若 Y 形接法不能变为△形接法，电机仍按 Y 形接法运转，可能是时间继电器坏、KT1 的触点接错、KM1 的触点接错或其他故障。若 Y 形接法变为△形接法后电机停转，故障的原因可能为 KT1 的延时断开的动断触点接错、KM2 线圈支路的线接错或电机的△形接法错误。若 Y 形接法变为△形接法后电机转动缓慢且发出"嗡嗡"声可能为电机的△形接法错误。

接触器控制的三相异步电动机的 Y/△启动控制线路元件明细见表 2.12。接触器控制的 Y/△启动控制线路接线如图 2.23 所示。

表 2.12　　　　接触器控制的三相异步电动机的 Y/△启动控制线路元件明细

代　号	名　称	型　号
QS	空气开关	DZ47 – 63/3P/10A
FU1	熔断器	RT18 – 32/3P
FU2	熔断器	RT18 – 32/3P
KM、KM1、KM2	交流接触器	LC1 – D0610Q5N
FR1	热继电器	JRS1D – 25/Z（0.63 – 1A）
	热继电器座	JRS1D – 25 座
SB2、SB4	按钮开关	LAY16
SB1	按钮开关	LAY16
M	三相鼠笼异步电机	WDJ26

2.3.5.2　三相异步电动机的 Y/△启动控制线路（时间继电器）

时间继电器控制的 Y/△启动利用时间继电器的延时功能来控制电动机从 Y 形接法到

△形接法的切换，降低电动机启动时的电流冲击，实现电动机的平稳启动，降低启动电流对电网的冲击。此外，通过精确控制延时时间，可以确保电动机在转速达到一定程度时切换接法，从而充分发挥电动机的性能，适用于需要降低启动电流并保护电路和电动机的场合。

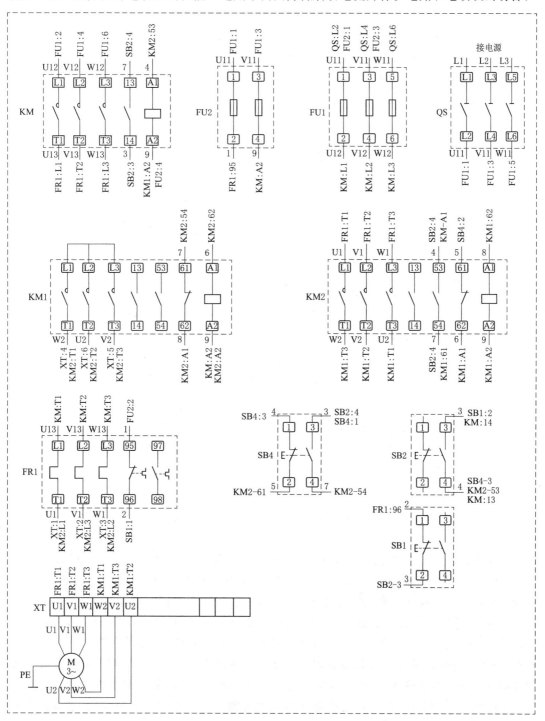

图 2.23　接触器控制的 Y/△启动控制线路接线图

在 Y/△启动过程中，时间继电器起关键作用。当电动机启动时，初始阶段电动机线圈接成 Y 形，以降低启动电流。此时，时间继电器开始计时。当时间继电器达到预设的延时时间后，其触点会发生变化，控制相应的接触器动作。这些接触器负责切换电动机线圈的接法，从而实现从 Y 形到△形的转换。

图 2.24 所示为时间继电器自动控制 Y/△减压线路。该线路由三个接触器、一个热继电器、一个时间继电器和两个按钮组成。时间继电器 KT1 作控制 Y 形减压启动时间和完成 Y/△自动换接用，其他电气元件的作用与前述线路相同。

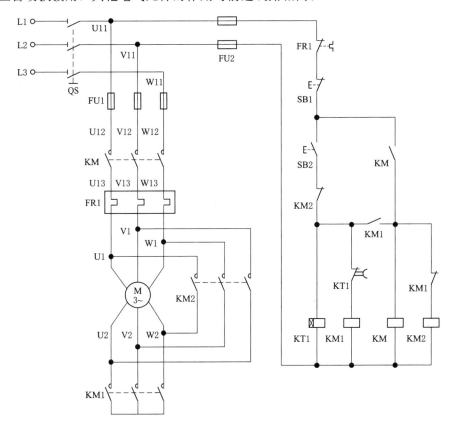

图 2.24　时间继电器自动控制 Y/△减压线路

工作原理如下：先合上电源开关 QS，然后进行如下动作：按下 SB2→KM1 线圈得电、KT1 线圈得电→KM1 主触点闭合、KM1 常开触点闭合、KM1 联锁触点分断对 KM2 联锁→KM 线圈得电→KM 主触点闭合、KM 自锁触头闭合自锁→电动机 M 接成 Y 减压启动→当 M 转速上升到一定值时，KT1 延时结束→KT1 常闭触点分断→KM1 线圈失电→KM1 常开触点分断、KM1 主触点分断，解除 Y 连接、KM1 联锁触点闭合→KM2 线圈得电→KM2 主触点闭合、KM2 联锁触点分断→对 KM1 联锁、KT1 线圈失电→KT1 常闭触点瞬时闭合→电动机 M 接成△形全压运行。要使电机停止，按下 SB1 即可。

时间继电器控制的 Y/△启动控制线路电气元件明细见表 2.13。时间继电器控制的 Y/△启动控制线路接线如图 2.25 所示。

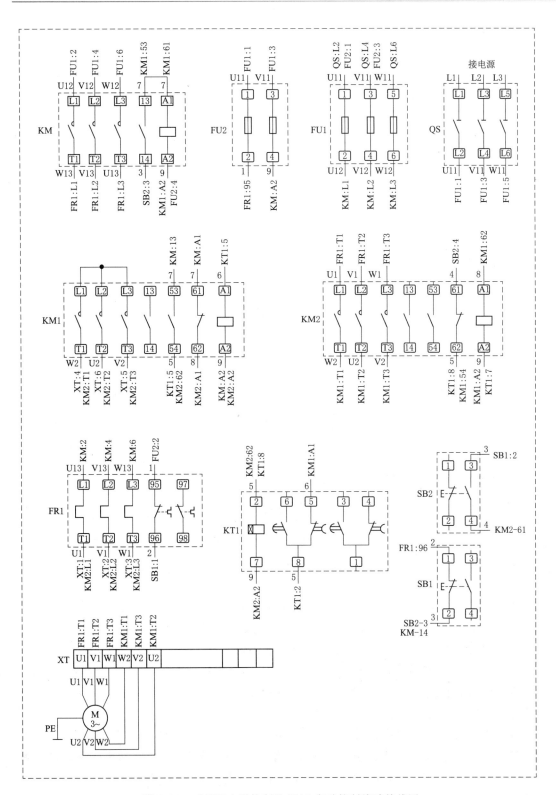

图 2.25　时间继电器控制的 Y/△启动控制线路接线图

表 2.13　　　　　　　　时间继电器控制的 Y/△启动控制线路电气元件明细表

代　号	名　称	型　号
QS	空气开关	DZ47 – 63/3P/10A
FU1	熔断器	RT18 – 32/3P
FU2	熔断器	RT18 – 32/3P
KM、KM1、KM2	交流接触器	LC1 – D0610Q5N
FR1	热继电器	JRS1D – 25/Z（0.64 – 1A）
	热继电器座	JRS1D – 25 座
KT1	时间继电器	ST3PA – B（0～60S）/380V
	时间继电器方座	PF – 083A
SB2	按钮开关	LAY16
SB1	按钮开关	LAY16
M	三相鼠笼异步电机	WDJ26

2.3.6　双速异步电动机控制线路

双速异步电动机广泛应用于各种领域，如机械制造、矿山、冶金、化工等。在机械制造中，双速电动机可以用于各种机械设备的驱动，如起重机、绞车、卷扬机等。在矿山和冶金领域，双速电动机常用于驱动输送带、矿山提升机、冶炼炉、轧钢机等设备。而在化工领域，双速电动机则可用于驱动搅拌器、压缩机等设备。双速异步电动机的控制通过改变电动机的定子绕组接法，实现电动机转速的调节。

在双速异步电动机中，定子绕组通常有两种接法：一种是低速接法，如△形接法；另一种是高速接法，如双星形（YY）接法。通过接触器、时间继电器、选择开关等元件，切换这两种接法可以改变电动机的转速。

在控制线路的工作原理方面，当选择开关置于高速位置时，时间继电器开始计时。在延时期间，电动机以低速运行（如△接法）。当延时时间到达后，时间继电器触点动作，控制接触器切换电动机的接法至高速运行（如 YY 接法）。同样地，当选择开关置于低速位置时，电动机直接以低速运行。而当选择开关置于停止位置时，电动机停止运行。

双速异步电动机控制线路如图 2.26 所示，该线路的工作原理简单叙述如下：按下 SB2 启动按钮，KM1 线圈接通，同时确保 KM2，KM3 线圈不会通电。KM1 辅助触点闭合，主电路中电动机 M 以△形式启动，以低速连续运转；按下 SB3 按钮，KM1 线圈断电，同时 KM2、KM3 线圈上电，主电路中电机接成双星形连接，KM2 辅助触点闭合，电动机 M 以高速连续运转，实现高低速双速切换控制。

2.3.7　三相异步电动机顺序控制电路

实际生产中，有些设备常常要求按一定的顺序实现多台电动机的启动和停止，如磨床上要求先启动油泵电动机，再启动主轴电动机。图 2.27 为两台电动机顺序启动控制线路，其中图（a）为主电路，图（b）为使用时间继电器实现电动机顺序启动的控制电路。

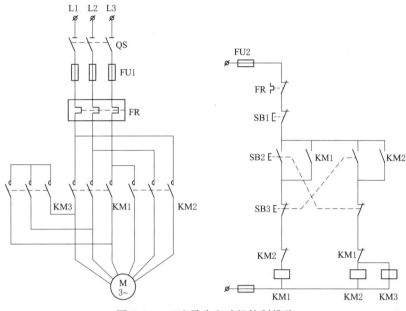

图 2.26 双速异步电动机控制线路

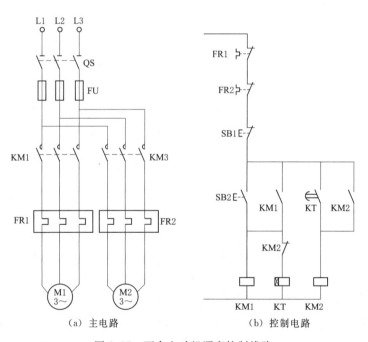

（a）主电路　　　　　　　（b）控制电路

图 2.27 两台电动机顺序控制线路

　　在该线路中，工作原理简单叙述如下：按下 SB2 启动按钮，则 KM1 线圈接通，电动机 M1 启动连续运转，同时通电延时时间继电器 KT 线圈也接通；延时一段时间后，KT 的延时闭合动合触点闭合，使 KM2 线圈接通，电动机 M2 也启动连续运转（同时 KT 线圈断电）；按下 SB1，KM1、KM2 和 KT 线圈均断电，电动机 M1 和 M2 停转。其中时间继电器 KT 线圈中串入的接触器 KM2 的动断触点是为了减少 KT 的通电时间用的，当 KM2 实现自锁后 KT 已完成自己的任务，由 KM2 的动断触点切除。

2.3.8　三相异步电动机的制动

三相异步电动机脱离电源之后，由于惯性，电动机要经过一定的时间后才会慢慢停下来，但有些生产机械要求能迅速而准确地停车，那么就要求对电动机进行制动控制。电动机的制动方法可以分为两大类：机械制动和电气制动。机械制动一般利用电磁抱闸的方法来实现；电气制动一般有能耗制动、反接制动和回馈发电制动三种方法，下面简要说明能耗制动、反接制动两种制动方法。

2.3.8.1　能耗制动

能耗制动是一种应用广泛的电气制动方法。当电动机脱离三相交流电源以后，立即将直流电源接入定子的两相绕组，绕组中流过直流电流，产生了一个静止不动的直流磁场。

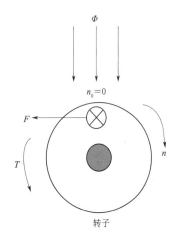

图 2.28　能耗制动原理

此时电动机的转子切割直流磁通，产生感生电流。在静止磁场和感生电流相互作用下，产生一个阻碍转子转动的制动力矩，因此电动机转速迅速下降，从而达到制动的目的。当转速降至零时，转子导体与磁场之间无相对运动，感生电流消失，电动机停转，再将直流电源切除，制动结束。能耗制动可以采用时间继电器与速度继电器两种控制形式，能耗制动原理如图 2.28 所示。

图 2.29 为按时间原则控制的单向能耗制动控制线路。线路原理如下。按下 SB2 启动按钮：接触器 KM1 得电投入工作，使电动机正常运行，KM1 与 KM2 互锁，接触器 KM2 和时间继电器 KT 不得电。按下停止按钮 SB1：①KM1 线圈失电，主触点断开，电动机脱离三相交流电源。②KM1 辅助常闭触点复位，KM2 与 KT 线圈相继得电，KM2 主触点闭合，将经过整流后的直流电压接至电机两相定子绕组上开始能耗制动。

从能量角度看，能耗制动是把电动机转子运转所储存的动能转变为电能，且又消耗在电动机转子的制动上，与反接制动相比，其能量损耗少，制动停车准确。所以，能耗制动适用于电动容量大、要求制动平稳和启动频繁的场合，但制动速度较反接制动慢一些，能耗制动需要整流电路。根据左手定则确定出转子电流和恒定磁场作用所产生的转矩方向与转子转速方向相反，故为制动转矩，此时电机把原来储存的动能或重物的位能吸收后变成电能消耗在转子电路中。能耗制动就是将运行中的电动机，从交流电源上切除并立即接通直流电源，在定子绕组接通直流电源时，直流电流会在定子内产生一个静止的直流磁场，转子因惯性在磁场内旋转，并在转子导体中产生感应电势有感应电流流过，并与恒定磁场相互作用消耗电动机转子惯性能量产生制动力矩，使电动机迅速减速，最后停止转动。

2.3.8.2　反接制动

反接制动是通过改变三相异步电机的相序，使电机产生一个反向的旋转磁场，从而迫使电动机停转。具体来说，当电动机绕组脱离电源后，立即通入改变相序后的三相交流电，产生一个反向旋转磁场，这个反向磁场迫使电动机迅速停止。在反接制动过程中，电动机的转速会迅速降低，当转速接近零时，应立即切除电源，以防止电动机反向启动。

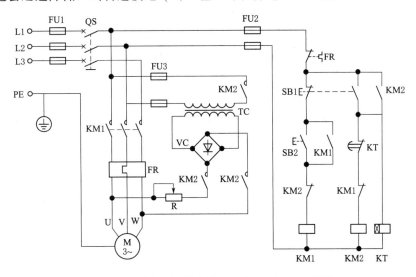

图 2.29　按时间原则控制的单向能耗制动控制线路

　　以单向启动反接制动为例介绍其控制原理。单向启动反接制动控制线路如图 2.30 所示。该线路的主电路和正反转控制线路的主电路相同，只是在反接制动时增加了三个限流电阻 R。线路中 KM1 为正转运行接触器，KM2 为反接制动接触器，SR 为速度继电器，其轴与电动机轴相连。

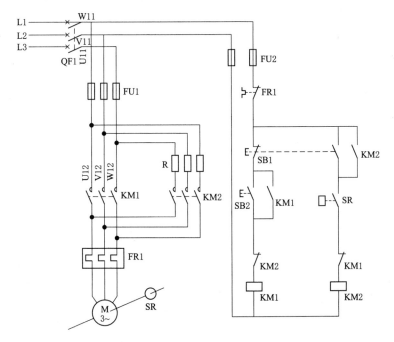

图 2.30　单向启动反接制动控制线路

电路的工作操作流程如下：

单向启动：按下 SB1→接触器 KM1 线圈通电→KM1 互锁触头分断对 KM2 互锁、KM1 自锁触头闭合自锁、KM1 主触头闭合→电动机 M 启动运转→至电动机转速上升到一定值（100r/min 左右）时→SR 动合触头闭合为制动做准备。

反接制动：按下复合按钮 SB2→SB2 动断触头先分断：KM1 线圈断电、SB2 动合触头后闭合→KM1 自锁触头分断、KM1 主触头分断，M 暂时断电、KM1 互锁触头闭合→KM2 线圈通电→KM2 互锁触头分断、KM2 自锁触头闭合、KM2 主触头闭合→电动机 M 串接 R 反接制动→至电动机转速下降到一定值（100r/min 左右）时→SR 常开触头分断→KM2 线圈断电→KM2 互锁触头闭合解除互锁、KM2 自锁触头分断、KM2 主触头分断→电动机 M 脱离电源停止转动，制动结束。

反接制动时，由于旋转磁场与转子的相对转速（n1＋n）很高，故转子绕组中感生电流很大，致使定子绕组中的电流也很大，一般为电动机额定电流的 10 倍左右。因此反接制动适用于 10kW 以下小容量电动机的制动，并且对 4.5kW 以上的电动机进行反接制动时，需在定子回路中串入限流电阻 R，以限制反接制动电流。

第3章 常用生产机械的电气控制线路及其故障排除

3.1 机床电气控制电路的故障分析方法

由于各类机床型号不止一种，即使同一种型号，制造商的不同，其控制电路也存在差别。只有通过典型的机床控制电路的学习，进行归纳推敲，才能抓住各类机床的特殊性与普遍性。重点学会阅读、分析机床电气控制电路的原理图；学会常见故障的分析方法以及维修技能，关键是能做到举一反三、触类旁通。检修机床电路是一项技能性很强而又细致的工作。当机床在运行时一旦发生故障，检修人员首先对其进行认真的检查，经过周密的思考，做出正确的判断，找出故障源，然后着手排除故障。

3.1.1 阅读机床电气原理图的方法

掌握了阅读原理图的方法和技巧，对于分析电气电路、排除机床电路故障具有重要的意义。机床电气原理图一般由主电路、控制电路、照明电路、指示电路等几部分组成。阅读方法如下。

1. 主电路的分析

阅读主电路时，关键是先了解主电路中有哪些用电设备、主要作用、由哪些电器来控制、采取哪些保护措施。

2. 控制电路的分析

阅读控制电路时，应根据主电路中接触器的主触点编号，快速找到相应的线圈以及控制电路。然后依次分析出电路的控制功能。从简单到复杂，从局部到整体，最后综合起来分析，就可以全面读懂控制电路。

3. 照明电路的分析

阅读照明电路时，应查看变压器的变比和灯泡的额定电压。

4. 指示电路的分析

阅读指示电路时，很重要的一点是：当电路正常工作时，为机床正常工作状态的指示；当机床出现故障时，是机床故障信息反馈的依据。

3.1.2 机床电气控制电路故障的一般分析方法

1. 修理前的调查研究

（1）问：询问机床操作人员，故障发生前后的情况如何，有利于根据电气设备的工作原理来判断发生故障的部位，分析出故障的原因。

（2）看：观察熔断器内的熔体是否熔断；其他电气元件是否有烧毁、发热、断线、导线连接螺钉是否松动；触点是否氧化、积尘等。要特别注意高电压、大电流的地方，活动机会多的部位，容易受潮的接插件等。

（3）听：听电动机、变压器、接触器等运行时发出的声音。正常运行的声音和发生故障时的声音是有区别的，听声音是否正常，可以帮助寻找故障发生的部位及范围。

（4）摸：电动机、电磁线圈、变压器等发生故障时，温度会显著上升，可切断电源后用手去触摸判断元件是否正常。

注意：不论电路通电还是断电，要特别注意不能用手直接去触摸金属触点！必须借助仪表来测量。

2．从机床电气原理图进行分析

首先熟悉机床的电气控制电路，结合故障现象，对电路工作原理进行分析，便可以迅速判断出故障发生的可能范围。

3．检查方法

根据故障现象分析，先弄清属于主电路的故障还是控制电路的故障，属于电动机的故障还是控制设备的故障。当故障确认以后，应该进一步检查电动机或控制设备。必要时可采用替代法，即用好的电动机或用电设备来替代。属于控制电路的，应该先进行一般的外观检查，检查控制电路的相关电气元件。如接触器、继电器、熔断器等有无硬裂、烧痕、接线脱落、熔体是否熔断等，同时用万用表检查线圈有无断线、烧毁，触点是否熔焊。

外观检查找不到故障时，将电动机从电路中卸下，对控制电路逐步检查，可以进行通电吸合试验，观察机床电气各电器元件是否按要求顺序动作，发现哪部分动作有问题，就在哪部分找故障点，逐步缩小故障范围，直到全部故障排除为止，绝不能留下隐患。

有些电器元件的动作是由机械配合或靠液压推动的，应会同机修人员进行检查处理。

4．无电原理图时的检查方法

首先，查清不动作的电动机工作电路。在不通电的情况下，以该电动机的接线盒为起点开始查找，顺着电源线找到相应的控制接触器，其次，以此接触器为核心，一路从主触点开始，继续查到三相电源，查清主电路；一路从接触器线圈的两个接线端子开始向外延伸，经过什么电器，弄清控制电路的来龙去脉。必要时，边查找边画出草图。若需拆卸时，要记录拆卸的顺序、电器结构等，再采取排除故障的措施。

5．在检修机床电气故障时应注意的问题

（1）检修前应将机床清理干净。

（2）将机床电源断开。

（3）电动机不能转动，要从电动机有无通电、控制电动机的接触器是否吸合入手，绝不能立即拆修电动机。通电检查时，一定要先排除短路故障，在确认无短路故障后方可通电，否则，会造成更大的事故。

（4）当需要更换熔断器的熔体时，必须选择与原熔体型号相同，不得随意扩大，以免造成意外的事故或留下更大的后患。因为熔体的熔断，说明电路存在较大的冲击电流，如短路、严重过载、电压波动很大等。

（5）热继电器的动作、烧毁，也要求先查明过载原因，否则，故障还是会复发。并且修复后一定要按技术要求重新整定保护值，并要进行可靠性试验，以避免发生失控。

（6）用万用表电阻挡测量触点、导线通断时，量程置于"×1Ω"挡。

（7）如果要用兆欧表检测电路的绝缘电阻，应断开被测支路与其他支路联系，避免影响测量结果。

（8）在拆卸元件及端子连线时，特别是对不熟悉的机床，一定要仔细观察，厘清控制电路，千万不能蛮干。要及时做好记录、标号，避免在安装时发生错误，方便复原。螺丝钉、垫片等放在盒子里，被拆下的线头要做好绝缘包扎，以免造成人为的事故。

（9）试车前先检测电路是否存在短路现象。在正常的情况下进行试车，应当注意人身及设备安全。

（10）机床故障排除后，一切要恢复到原来样子。

3.1.3　机床电气控制电路电阻法检查故障举例

根据故障现象判断故障范围，检查故障的方法有电阻法、电压法、短接法等。下面主要介绍电阻法检查故障。

电阻法检查故障可以分为通电观察故障现象；检查并排除电路故障；通电试车复查，完成故障排除任务三个过程。

1. 通电观察故障现象

第一步：验电。

合上实验台上的电源开关（空气开关），用电笔检查电动机控制线路进线端（端子排）是否有电；检查电动机控制线路电源开关（组合开关代用）上接线桩是否有电；合上电源开关，检查电源开关下接线桩、熔断器上接线桩、熔断器下接线桩是否有电；检查有金属外壳是否漏电；一切正常，可进行下一步通电试验。

第二步：通电试验，观察故障现象，确定故障范围。

按照故障现象，确定可能产生故障原因，然后切断电源（注意最后一定切断实验台上的电源开关），并在电路图上画出检查故障的最短路径。

案例：如图3.1顺序启动逆序停止控制线路原理图（设电路只一处故障），按下启动按钮SB2时，M1电动机不能启动，故障是在从FU2熔断器—1号线—FR1常闭触头—2号线—FR2常闭触头—3号线—SB1常闭触头—4号线—SB2常开触头—5号线—KM1线圈—9号线的路径中。

2. 检查并排除电路故障

第一步：把万用表从空挡切换到×10或×100电阻挡，并进行电气调零。调零后，可利用二分法，把万用表的一支表棒（黑表棒或红表棒），搭在所分析最短故障路径的起始一端（或末端）。如上例中按下启动按钮SB2时，M1电动机不能启动，把万用表的一支表棒（黑表棒或红表棒），搭在图3-1中1号线所接的FU2接线桩，另一支表棒搭在所判断故障路径中间位置电气元件的接线桩上，如4号线所接的SB1接线桩（两表棒间如有启动按钮，应按下启动按钮）。此时，万用表指针应指向零位，表明故障不在两表棒间的电路路径（1号线—FR1常闭触头—2号线—FR2常闭触头—3号线—SB1常闭触头）中，而在所分析故障路径的另一半路径中（电阻为无穷"∞"则故障在此路径中，如两表棒间有线圈，无故障时电阻值应为线圈直流电阻值，为$1800\sim2000\Omega$）。

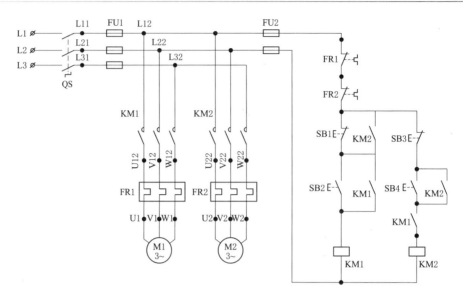

图 3.1　顺序启动逆序停止控制线路原理图

第二步：再用万用表检查另一半电路，上例中把万用表的一支表棒（黑表棒或红表棒）搭在 5 号线所接的 SB2 接线桩，另一支表棒搭于 9 号线所接的 FU2 接线桩，电阻应为 1800～2000Ω，则路径：SB2 常开触头—5 号线—KM1 线圈—0 号线—熔断器 FU2 无故障，故障应在 SB1—SB2 的 4 号线。用万用表测量 SB1—SB2 的 4 号线电阻为无穷"∞"，故障判断正确。然后用短接线连接 SB1—SB2 的 4 号线排除故障。

第二步判断由于只有三段线，也可用万用表一段、一段的检查，直至找到故障点，找到后用短线连接故障点排除故障（检查的三段线分别是 SB1—SB2 的 4 号线、SB2 常开触头—KM1 线圈—熔断器 FU2 的 9 号线，逐一检查排故）。

3. 通电试车复查，完成故障排除任务

试车前先用万用表初步检查控制电路的正确性。上例顺序启动逆序停止控制线路，用万用表的×10 或×100 电阻挡，搭在控制回路熔断器 FU2 的 9 号线与 1 号线之间，按下启动按钮 SB2，电阻应为 1800～2000Ω；模拟 KM1 通电吸合状态（指导教师允许时，手动使 KM1、KM2 同时通电吸合状态，电阻也为 900～1000Ω，则电路功能正常）。再按第一步和第二步试电步骤通电试车，试车成功，拆除短路线，整理好工作台，并把万用表打回空挡。完成故障排除任务。

注意事项：

（1）注意检电，必须检查有金属外壳的元器件外壳是否漏电。

（2）电阻法必须在断电时使用，万用表不能在通电状态测电阻。

（3）用短接线短路故障点时，必须线号相同的同号线才能短路。

（4）如需再次试电观察故障现象，必须经指导老师同意。

特别提醒：

（1）电阻测量法，必须在断电情况下进行。

（2）在排除故障时，通常以接触器、继电器的得电与否来判断故障在主电路还是控制电路。几个进给动作同时不工作，排除故障就找公共电路部分；其他几个进给动作，只有一个进给不动作，排除故障就找该支路部分。

（3）电路中的各操作手柄位置也很重要。

（4）通过模拟故障排除，培养大家的分析能力和判断能力。

（5）本书采用的排故方法仅供参考，学员应当领会精神，做到举一反三。

3.2 X62W 型卧式万能铣床电气控制线路及故障排除

铣床主要用于加工零件的平面、斜面、沟槽等型面；安装分度头后，可加工直齿轮或螺旋面，安装回转圆工作后则可加工凸轮和弧形槽。

3.2.1 铣床的主要工作情况

X62W 型卧式万能铣床结构如图 3.2 所示。

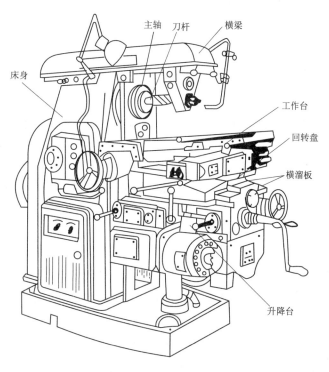

图 3.2 X62W 型卧式万能铣床结构

X62W 型卧式万能铣床有两种运动。

1. 主运动——主轴带动铣刀的旋转运动

（1）主轴通过变换齿轮实现变速，有变速冲动控制主轴电动机的正、反转改变主轴的转向，实现顺铣和逆铣。

（2）为减小负载波动对铣刀转速的影响，以保证加工质量，主轴上装有飞轮，转动惯量较大，要求主轴电动机有停车制动控制。

2．进给运动

进给运动是指加工中工作台或进给箱带动工件的移动，以及圆工作台的旋转运动（即工件相对铣刀的移动）。

（1）工作台的纵向（左、右）、横向（前、后）、垂直（上、下）六个方向的进给运动由进给电动机 M 拖动，六个方向由操作手柄改变传动键实现要求 M2 正反转及各运动之间有连锁（只能一个方向运动）控制。

（2）工作台能通过电磁铁吸合改变传动键的传动比实现快速移动，有变速冲动控制。

（3）使用圆工作台时，圆工作台旋转与工作台的移动运动有连锁控制。

（4）主轴旋转与工作进给有连锁：铣刀旋转后，才能进给。进给结束后，铣刀旋转才能结束。

（5）主运动和进给运动设有比例调速要求，主轴与工作台单独拖动。

（6）为操作方便，应能在两处控制各部件的启停。

3.2.2　电气控制线路分析

X62W 型万能铣床电气原理如图 3.3 所示。电气原理图由主电路、控制电路和照明电路三部分组成。

1．主电路

主电路有三台电动机。M1 是主轴电动机，M2 是进给电动机，M3 是冷却泵电动机。

（1）主轴电动机 M1 通过换相开关 SA5 与接触器 KM1 配合，能进行正反转控制，而与接触器 KM2、制动电阻器 R 及速度继电器的配合，能实现串电阻瞬时冲动和正反转反接制动控制，并能通过机械进行变速。

（2）进给电动机 M2 能进行正反转控制，通过接触器 KM3、KM4 与行程开关及 KM5、牵引电磁铁 YA 配合，能实现进给变速时的瞬时冲动、六个方向的常速进给和快速进给控制。

（3）冷却泵电动机 M3 只能正转。

（4）熔断器 FU1 作机床总短路保护，也兼作 M1 的短路保护；FU2 作为 M2、M3 及控制变压器 TC、照明灯 EL 的短路保护；热继电器 FR1、FR2、FR3 分别作为 M1、M2、M3 的过载保护。

2．控制电路

（1）主轴电动机的控制。

1）SB1、SB3 与 SB2、SB4 是分别装在机床两边的停止（制动）和启动按钮，实现两地控制，方便操作。

2）KM1 是主轴电动机启动接触器，KM2 是反接制动和主轴变速冲动接触器。

3）SQ7 是与主轴变速手柄联动的瞬时动作行程开关。

4）主轴电动机需启动时，要先将 SA5 扳到主轴电动机所需要的旋转方向，然后再按启动按钮 SB3 或 SB4 来启动电动机 M1。

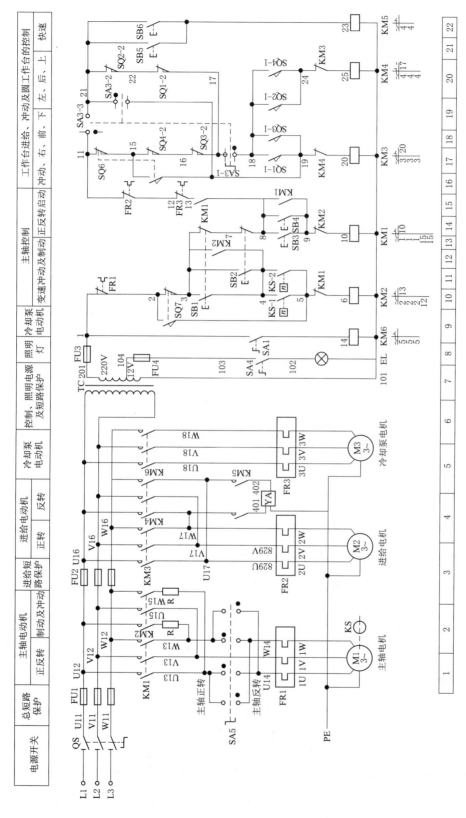

图 3.3　X62W 型万能铣床电气原理图

5）M1 启动后，速度继电器 KS 的一副常开触点闭合，为主轴电动机的停转制动作好准备。

6）停车时，按停止按钮 SB1 或 SB2 切断 KM1 电路，接通 KM2 电路，改变 M1 的电源相序进行串电阻反接制动。当 M1 的转速低于 120r/min 时，速度继电器 KS 的一副常开触点恢复断开，切断 KM2 电路，M1 停转，制动结束。

据以上分析可写出主轴电机转动（即按 SB3 或 SB4）时控制线路的通路：1-2-3-7-8-9-10-KM1 线圈-0；主轴停止与反接制动（即按 SB1 或 SB2）时的通路：1-2-3-4-5-6-KM2 线圈-0。

7）主轴电动机变速时的瞬动（冲动）控制，是利用变速手柄与冲动行程开关 SQ7 通过机械上联动机构进行控制的。

变速时，先下压变速手柄，然后拉到前面，当快要落到第二道槽时，转动变速盘，选择需要的转速。此时凸轮压下弹簧杆，使冲动行程 SQ7 的常闭触点先断开，切断 KM1 线圈的电路，电动机 M1 断电；同时 SQ7 的常开触点后接通，KM2 线圈得电动作，M1 被反接制动。当手柄拉到第二道槽时，SQ7 不受凸轮控制而复位，M1 停转。接着把手柄从第二道槽推回原始位置时，凸轮又瞬时压动行程开关 SQ7，使 M1 反向瞬时冲动一下，以利于变速后的齿轮啮合。

但要注意，不论是开车还是停车，都应以较快的速度把手柄推回原始位置，以免通电时间过长，引起 M1 转速过高而打坏齿轮。

（2）工作台进给电动机的控制。工作台的纵向、横向和垂直运动都由进给电动机 M2 驱动，接触器 KM3 和 KM4 使 M2 实现正反转，用以改变进给运动方向。它的控制电路采用了与纵向运动机械操作手柄联动的行程开关 SQ1、SQ2 和横向及垂直运动机械操作手柄联动的行程开关 SQ3、SQ4、组成复合联锁控制。即在选择三种运动形式的六个方向移动时，只能进行其中一个方向的移动，以确保操作安全，当这两个机械操作手柄都在中间位置时，各行程开关都处于未压的原始状态，如图 3.4 所示。

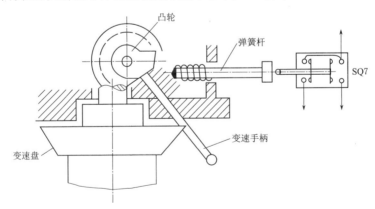

图 3.4 主轴变速冲动控制示意图

由图 3.3 可知：M2 电机在主轴电机 M1 启动后才能进行工作。在机床接通电源后，将控制圆工作台的组合开关 SA3 扳到断开，使触点 SA3-1（17-18）和 SA3-3（12-21）闭合，而 SA3-2（19-21）断开，然后启动 M1，这时接触器 KM1 吸合，使 KM1（9-12）闭合，就可进行工作台的进给控制。

1）工作台纵向（左右）运动的控制，工作台的纵向运动是由进给电动机 M2 驱动，由纵向操纵手柄来控制。此手柄是复式的，一个安装在工作台底座的顶面中央部位，另一个安装在工作台底座的左下方。手柄有三个：向左、向右、零位。当手柄扳到向右或向左运动方向时，手柄的联动机构压下行程 SQ1 或 SQ2，使接触器 KM3 或 KM4 动作，控制进给电动机 M2 的正反转。工作台左右运动的行程，可通过调整安装在工作台两端的撞铁位置来实现。当工作台纵向运动到极限位置时，撞铁撞动纵向操纵手柄，使它回到零位，M2 停转，工作台停止运动，从而实现了纵向终端保护。

工作台向左运动：在 M1 启动后，将纵向操作手柄扳至向左位置，机械接通纵向离合器，同时在电气上压下 SQ1，使 SQ1-2 断，SQ1-1 通，而其他控制进给运动的行程开关都处于原始位置，此时使 KM3 吸合，M2 正转，工作台向左进给运动。其控制电路的通路为：11-15-16-17-18-19-20-KM3 线圈-0，工作台向右运动：当纵向操纵手柄扳至向右位置时，机械上仍然接通纵向进给离合器，但却压动了行程开关 SQ2，使 SQ2-2 断，SQ2-1 通，使 KM4 吸合，M2 反转，工作台向右进给运动，其通路为：11-15-16-17-18-24-22-KM4 线圈-0。

2）工作台垂直（上下）和横向（前后）运动的控制：工作台的垂直和横向运动，由垂直和横向进给手柄操纵。此手柄也是复式的，有两个完全相同的手柄分别装在工作台左侧的前、后方。手柄的联动机械一方面压下行程开关 SQ3 或 SQ4，同时能接通垂直或横向进给离合器。操纵手柄有五个位置（上、下、前、后、中间），五个位置是联锁的，工作台的上下和前后的终端保护是利用装在床身导轨旁与工作台座上的撞铁，将操纵十字手柄撞到中间位置，使 M2 断电停转。

工作台向前（或者向下）运动的控制：将十字操纵手柄扳至向前（或者向下）位置时，机械上接通横向进给（或者垂直进给）离合器，同时压下 SQ4，使 SQ4-2 断，SQ4-1 通，使 KM4 吸合，M2 反转，工作台向前（或者向下）运动。

其通路为：11-21-22-17-18-24-25-KM4 线圈-0；工作台向后（或者向上）运动的控制：将十字操纵手柄扳至向后（或者向上）位置时，机械上接通横向进给（或者垂直进给）离合器，同时压下 SQ3，使 SQ3-2 断，SQ3-1 通，使 KM3 吸合，M2 正转，工作台向后（或者向上）运动。其通路为：11-21-22-17-18-19-20-KM3 线圈-0。

3）进给电动机变速时的瞬动（冲动）控制：变速时，为使齿轮易于啮合，进给变速与主轴变速一样，设有变速冲动环节。当需要进行进给变速时，应将转速盘的蘑菇形手轮向外拉出并转动转速盘，把所需进给量的标尺数字对准箭头，然后再把蘑菇形手轮用力向外拉到极限位置并随即推向原位，就在一次操纵手轮的同时，其连杆机构二次瞬时压下行程开关 SQ6，使 KM3 瞬时吸合，M2 做正向瞬动。

其通路为：11-21-22-17-16-15-19-20-KM3 线圈-0，由于进给变速瞬时冲动的通电回路要经过 SQ1-SQ4 四个行程开关的常闭触点，因此只有当进给运动的操作手柄都在中间（停止）位置时，才能实现进给变速冲动控制，以保证操作时的安全。同时，与主轴变速时冲动控制一样，电动机的通电时间不能太长，以防止转速过高，在变速时打坏齿轮。

4）工作台的快速进给控制：为提高劳动生产率，要求铣床在不做铣切加工时，工作台能快速移动。

工作台快速进给也是由进给电动机 M2 来驱动，在纵向、横向和垂直三种运动形式六个方向上都可以实现快速进给控制。

主轴电动机启动后，将进给操纵手柄扳到所需位置，工作台按照选定的速度和方向作常速进给移动时，再按下快速进给按钮 SB5（或 SB6），使接触器 KM5 通电吸合，接通牵引电磁铁 YA，电磁铁通过杠杆使摩擦离合器合上，减少中间传动装置，使工作台按运动方向作快速进给运动。当松开快速进给按钮时，电磁铁 YA 断电，摩擦离合器断开，快速进给运动停止，工作台仍按原常速进给时的速度继续运动。

（3）圆工作台运动的控制：铣床如需铣切螺旋槽、弧形槽等曲线时，可在工作台上安装圆形工作台及其传动机械，圆形工作台的回转运动也是由进给电动机 M2 传动机构驱动的。

圆工作台工作时，应先将进给操作手柄都扳到中间（停止）位置，然后将圆工作台组合开关 SA3 扳到圆工作台接通位置。此时 SA3-1 断，SA3-3 断，SA3-2 通。准备就绪后，按下主轴启动按钮 SB3 或 SB4，则接触器 KM1 与 KM3 相继吸合。主轴电机 M1 与进给电机 M2 相继启动并运转，而进给电动机仅以正转方向带动圆工作台作定向回转运动。其通路为：11-15-16-17-22-21-19-20-KM3 线圈-0，由上可知，圆工作台与工作台进给有互锁，即当圆工作台工作时，不允许工作台在纵向、横向、垂直方向上有任何运动。若误操作而扳动进给运动操纵手柄（即压下 SQ1-SQ4、SQ6 中任一个），M2 即停转。

3.2.3　KH-X62W（S）型万能铣床电气技能实训考核装置

3.2.3.1　装置的基本配备

1. KH-JC01 电源控制面板（铝质面板）

（1）交流电源（带有漏电保护措施）。通过市电提供三相交流电源（3～380V）。

（2）人身安全保护体系。

电压型漏电保护器：对线路出现的漏电现象进行保护，使控制屏内的接触器跳闸，切断电源。

电流型漏电保护装置：控制屏若有漏电现象，漏电流超过一定值，即切断电源。

2. 06-KH-X01（铝质面板）

面板上安装有机床的所有主令电器及动作指示灯，机床的所有操作都在这块面板上进行，指示灯可以指示机床的相应动作。

面板上印有 X62W 型万能铣床立体示意图，可以很直观地看出 X62W 型万能铣床的外形轮廓。

3. KH-X62WS.1B-1（铁质面板）

面板上装有断路器、熔断器、接触器、热继电器、变压器等元器件，这些元器件直接安装在面板表面，可以很直观地看它们的动作情况。

3.2.3.2　X62W 型万能铣床技能实训考核装置电气线路的故障与维修

铣床电气控制线路与机械系统的配合十分密切，其电气线路的正常工作往往与机械系统的正常工作是分不开的，这就是铣床电气控制线路的特点。正确判断是电气还是机械故障和熟悉机电部分配合情况，是迅速排除电气故障的关键。这就要求电工不仅熟悉电气控制线路的工作原理，而且熟悉有关机械系统的工作原理及机床操作方法。下面通过几个实例来叙述 X62W 型铣床的常见故障及其排除方法。

（1）主轴停车时无制动　主轴无制动时要首先检查按下停止按钮 SB1 或 SB2 后，反接制动接触器 KM2 是否吸合，KM2 不吸合，则故障原因一定在控制电路部分，检查时可先操作主轴变速冲动手柄，若有冲动，故障范围就缩小到速度继电器和按钮支路上。若 KM2 吸合，则故障原因就较复杂一些，其故障原因之一，是主电路的 KM2、R 制动支路中，至少有缺相的故障存在；之二是速度继电器的常开触点过早断开，但在检查时，只要仔细观察故障现象，这两种故障原因是能够区分的，前者的故障现象是完全没有制动作用，而后者则是制动效果不明显。

从以上分析可知，主轴停车时无制动的故障原因，较多是由于速度继电器 KS 发生故障引起的。如 KS 常开触点不能正常闭合，其原因有推动触点的胶木摆杆断裂；KS 轴伸端圆销扭弯、磨损或弹性连接元件损坏；螺丝销钉松动或打滑等。若 KS 常开触点过早断开，其原因有 KS 动触点的反力弹簧调节过紧；KS 的永久磁铁转子的磁性衰减等。

应该说明，机床电气的故障不是千篇一律的，所以在维修中，不可生搬硬套，而应该采用理论与实践相结合的灵活处理方法。

（2）主轴停车后产生短时反向旋转　这一故障一般是由于速度继电器 KS 动触点弹簧调整得过松，使触点分断过迟引起，只要重新调整反力弹簧便可消除。

（3）按下停止按钮后主轴电机不停转：产生故障的原因有：接触器 KM1 主触点熔焊；反接制动时两相运行；SB3 或 SB4 在启动 M1 后绝缘被击穿。这三种故障原因，在故障的现象上是能够加以区别的：如按下停止按钮后，KM1 不释放，则故障可断定是由熔焊引起；如按下停止按钮后，接触器的动作顺序正确，即 KM1 能释放，KM2 能吸合，同时伴有嗡嗡声或转速过低，则可断定是制动时主电路有缺相故障存在；若制动时接触器动作顺序正确，电动机也能进行反接制动，但放开停止按钮后，电动机又再次自启动，则可断定故障是由启动按钮绝缘击穿引起。

（4）工作台不能作向下进给运动，由于铣床电气线路与机械系统的配合密切和工作台向上进给运动的控制是处于多回路线路之中，因此，不宜采用按部就班地逐步检查的方法。在检查时，可先依次进行快速进给、进给变速冲动或圆工作台向前进给，向左进给及向后进给的控制，来逐步缩小故障的范围（一般可从中间环节的控制开始），然后再逐个检查故障范围内的元器件、触点、导线及接点，来查出故障点。在实际检查时，还必须考虑到由于机械磨损或移位使操纵失灵等因素，若发现此类故障原因，应与机修钳工互相配合进行修理。

下面假设故障点在图区 20 上，行程开关 SQ4-1 由于安装螺钉松动而移动位置，造成操纵手柄虽然到位，但触点 SQ4-1（18-24）仍不能闭合，在检查时，若进行进给变速冲动控制正常后，也就说明线路 11-21-22-17 是完好的，再通过向左进给控制正常，又能排除线路 17-18 和 24-25-0 存在故障的可能性。这样就将故障的范围缩小到 18-SQ4-1-24 的范围内。再经过仔细检查或测量，就能很快找出故障点。

（5）工作台不能做纵向进给运动　应先检查横向或垂直进给是否正常，如果正常，说明进给电动机 M2、主电路、接触器 KM3、KM4 及纵向进给相关的公共支路都正常，此时应重点检查图区 19 上的行程开关 SQ6（11 - 15）、SQ4 - 2 及 SQ3 - 2，即线号为 11 - 15 - 16 - 17 支路，因为只要三对常闭触点中有一对不能闭合、有一根线头脱落，就会使纵向不能进给。然后再检查进给变速冲动是否正常，如果也正常，则故障的范围已缩小到在 SQ6（11 - 15）及 SQ1 - 1、SQ2 - 1 上，但一般 SQ1 - 1、SQ2 - 1 两副常开触点同时发生故障的可能性甚小，而 SQ6（11 - 15）由于进给变速时，常因用力过猛而容易损坏，所以可先检查 SQ6（11 - 15）触点，直至找到故障点并予以排除。

（6）工作台各个方向都不能进给，可先进行进给变速冲动或圆工作台控制，如果正常，则故障可能在开关 SA3 - 1 及引接线 17、18 号上，若进给变速也不能工作，要注意接触器 KM3 是否吸合，如果 KM3 不能吸合，则故障可能发生在控制电路的电源部分，即 11 - 15 - 16 - 18 - 20 号线路及 0 号线上，若 KM3 能吸合，则应着重检查主电路，包括电动机的接线及绕组是否存在故障。

（7）工作台不能快速进给常见的故障原因是牵引电磁铁电路不通，多数是由线头脱落、线圈损坏或机械卡死引起。如果按下 SB5 或 SB6 后接触器 KM5 不吸合，则故障在控制电路部分，若 KM5 能吸合，且牵引电磁铁 YA 也吸合正常，则故障大多是由于杠杆卡死或离合器摩擦片间隙调整不当引起，应与机修钳工配合进行修理。需强调的是在检查中 12 - 15 - 16 - 17 支路和 12 - 21 - 22 - 17 支路时，一定要把 SA3 开关扳到中间空挡位置，否则，由于这两条支路是并联的，将检查不出故障点。

3.2.3.3　X62W 型万能铣床技能实训考核装置试运行操作

1．准备工作

（1）查看各电器元件上的接线是否紧固，各熔断器是否安装良好。

（2）独立安装好接地线，设备下方垫好绝缘垫，将各开关置分断位置。

（3）插上三相电源。

2．操作试运行

插上电源后，各开关均应置分断位置。参看电路原理图，按下列步骤进行机床电气模拟操作运行。

（1）先按下主控电源板的启动按钮，合上低压断路器开关 QS。

（2）SA5 置左位（或右位），电机 M1"正转"或"反转"指示灯亮，说明主轴电机可能运转的转向。

（3）旋转 SA1 开关，"冷却泵电机"工作，指示灯亮。

（4）按下 SB3 按钮（或 SB1 按钮），电机 M1 启动（或反接制动）；按下 SB4 按钮（或 SB2 按钮），M1 启动（或反接制动）。

注意：不要频繁操作"启动"与"停止"，以免电器过热而损坏。

（5）主轴电机 M1 变速冲动操作。

实际机床的变速是通过变速手柄的操作，瞬间压动 SQ7 行程开关，使电机产生微转，从而能使齿轮较好实现换挡啮合。

木模板要用手动操作 SQ7 模仿机械的瞬间压动效果：采用迅速的"点动"操作，使电机 M1 通电后，立即停转，形成微动或抖动。操作要迅速，以免出现"连续"运转现象。当出现"连续"运转时间较长，会使 R 发烫。此时应拉下闸刀后，重新送电操作。

（6）主轴电机 M1 停转后，可转动 SA5 转换开关，按"启动"按钮 SB3 或 SB4，使电机换向。

（7）进给电机控制操作（SA3 开关状态：SA3 - 1、SA3 - 3 闭合，SA3 - 2 断开）。

实际机床中的进给电机 M2 用于驱动工作台横向（前、后）、升降和纵向（左、右）移动的动力源，均通过机械离合器来实现控制"状态"的选择，电机只作正、反转控制，机械"状态"手柄与电气开关的动作对应关系如下：

工作台横向、升降控制（机床由"十字"复式操作手柄控制，既控制离合器，又控制相应开关）。

工作台向后、向上运动-电机 M2 反转- SQ4 压下。

工作台向前、向下运动-电机 M2 正转- SQ3 压下。

模板操作：按动 SQ4，M2 反转。按动 SQ3，M2 正转。

（8）工作台纵向（左、右）进给运动控制：（SA3 开关状态同上）。

实际机床专用一"纵向"操作手柄，既控制相应离合器，又压动对应的开关 SQ1 和 SQ2，使工作台实现了纵向的左和右运动。

模板操作：按动 SQ1，M2 正转。按动 SQ2，M2 反转。

（9）工作台快速移动操作。

在实际机床中，按下 SQ5，电磁铁 YA 动作，改变机械传动链中间传动装置，实现各方向的快速移动。

模板操作：按下 SQ5，KM5 吸合，相应指示灯亮。

（10）进给变速冲动（功能与主轴冲动相同，便于换挡时，齿轮的啮合）。

实际机床中变速冲动的实现：在变速手柄操作中，通过联动机构瞬时带动"冲动行程开关 SQ6"，使电机产生瞬动。

模拟"冲动"操作，按 SQ6，电机 M2 转动，操作此开关时应迅速压与放，以模仿瞬动压下效果。

（11）圆工作台回转运动控制：将圆工作台转换开关 SA3 扳到所需位置，此时，SA3 - 1、SA3 - 3 触点分断，SA3 - 2 触点接通。在启动主轴电机后，M2 电机正转，实际中即为圆工作台转动（此时工作台全部操作手柄扳在零位，即 SQ1 - SQ4 均不压下）。

3.2.3.4　X62W 型万能铣床技能实训考核装置电气控制线路故障排除实习训练指导

1. 实习内容

（1）用通电试验方法发现故障现象，进行故障分析，并在电气原理图中用虚线标出最小故障范围。

（2）按图排除 X62W 万能铣床主电路或控制电路中，人为设置的两个电气自然故障点。

2. 电气故障的设置原则

（1）人为设置的故障点，必须是模拟机床在使用过程中，由于受到振动、受潮、高温、异物侵入、电动机负载及线路长期过载运行、启动频繁、安装质量低劣和调整不当等原因造成的"自然"故障。

（2）切忌设置改动线路、换线、更换电器元件等由于人为原因造成的非"自然"的故障点。

（3）故障点的设置，应做到隐蔽且设置方便，除简单控制线路外，两处故障一般不宜设置在单独支路或单一回路中。

（4）对于设置一个以上故障点的线路，其故障现象应尽可能不要相互掩盖。否则学生在检修时，若检查思路尚清楚，但检修到定额时间的 2/3 还不能查出一个故障点时，可做适当的提示。

（5）应尽量不设置容易造成人身或设备事故的故障点，如有必要，教师必须在现场密切注意学生的检修动态，随时做好采取应急措施的准备。

（6）设置的故障点，必须与学生应该具有的修复能力相适应。

3. 实习步骤

（1）先熟悉原理，再进行正确的通电试车操作。

（2）熟悉电器元件的安装位置，明确各电器元件作用。

（3）教师示范故障分析检修过程（故障可人为设置）。

（4）教师设置让学生知道的故障点，指导学生如何从故障现象着手进行分析，逐步引导到采用正确的检查步骤和检修方法。

（5）教师设置人为的自然故障点，由学生检修。

4. 实习要求

（1）学生应根据故障现象，先在原理图中正确标出最小故障范围的线段，然后采用正确的检查和排故方法，并在定额时间内排除故障。

（2）排除故障时，必须修复故障点，不得采用更换电器元件、借用触点及改动线路的方法，否则，做不能排除故障点扣分。

（3）检修时，严禁扩大故障范围或产生新的故障，并不得损坏电器元件。

5. 操作注意事项

（1）设备应在指导教师指导下操作，安全第一。设备通电后，严禁在电器侧随意扳动电器件。进行排故训练，尽量采用不带电检修。若带电检修，则必须有指导教师在现场监护。

（2）必须安装好各电机、支架接地线、设备下方垫好绝缘橡胶垫，厚度不小于 8mm，操作前要仔细查看各接线端，有无松动或脱落，以免通电后发生意外或损坏电器。

（3）在操作中若发出不正常声响，应立即断电，查明故障原因待修。故障噪声主要来自电机缺相运行，接触器、继电器吸合不正常等。

（4）发现熔芯熔断，应找出故障后方可更换同规格熔芯。

（5）在维修设置故障中不要随便互换线端处号码管。

（6）操作时用力不要过大，速度不宜过快；操作频率不宜过于频繁。

（7）实习结束后，应拔出电源插头，将各开关置分断位。

（8）做好实习记录。

3.2.3.5　X62W 型万能铣床技能实训考核装置故障设置

X62W 型万能铣床技能实训考核装置共设有 K1～K29 等 29 个故障开关，如图 3.5 所示，当其中的一个开关（如 K27）断开时，电路会出现相应的故障。

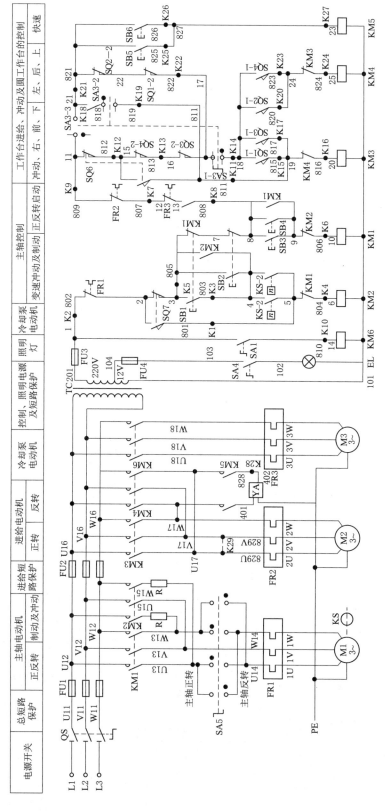

图 3.5　X62 型万能铣床实训考核装置故障点设置

故障开关与对应故障现象见表3.1。

表 3.1　　　　　　　　　　　故障开关与对应故障现象

故障开关	故 障 现 象	备 注
K1	主轴无变速冲动	主电机的正、反转及停止制动均正常
K2	主轴、进给均不能启动	照明、冷却泵工作正常
K3	按 SB1 停止时无制动	SB2 制动正常
K4	主轴电机无制动	按 SB1、SB2 停止时主轴均无制动
K5	主轴电机不能启动	主轴不能启动，按下 SQ7 主轴可以冲动
K6	主轴不能启动	主轴不能启动，按下 SQ7 主轴可以冲动
K7	进给电机不能启动	主轴能启动，进给电机不能启动
K8	进给电机不能启动	主轴能启动，进给电机不能启动
K9	进给电机不能启动	主轴能启动，进给电机不能启动
K10	冷却泵电机不能启动	其他工作正常
K11	进给变速无冲动，圆形工作台不能工作	非圆工作台工作正常
K12	工作台不能左右进给	向上（或向后）、向下（或向前）进给正常，进给变速无冲动
K13	工作台不能左右进给	向上（或向后）、向下（或向前）进给正常，能进行进给变速冲动
K14	非圆工作台不工作	圆工作台工作正常
K15	工作台不能向左进给	非圆工作台工作时，不能向左进给，其他方向进给正常
K16	进给电机不能正转	圆工作台不能工作；非圆工作台工作时，不能向左、向上或向后进给
K17	工作台不能向上或向后进给	非圆工作台工作时，不能向上或向后进给，其他方向进给正常
K18	圆形工作台不能工作	非圆工作台工作正常，能进给冲动
K19	圆形工作台不能工作	非圆工作台工作正常，能进给冲动
K20	工作台不能向右进给	非圆工作台工作时，不能向右进给，其他方向进给正常
K21	不能上下（或前后）进给，不能快进	圆工作台工作正常，非圆工作台工作时，能左右进给，不能快进，不能上下（或前后）进给
K22	不能上下（或前后）进给	圆工作台工作正常，非圆工作台工作时，能左右进给，左右进给时能快进；不能上下（或前后）进给
K23	不能向下（或前）进给	非圆工作台工作时，不能向下或向前进给，其他方向进给正常
K24	进给电机不能反转	圆工作台工作正常；非圆工作台工作时，不能向右、向下或向前进给
K25	只能一地快进操作	进给电机启动后，按 SB5 不能快进，按 SB6 能快进
K26	只能一地快进操作	进给电机启动后，按 SB5 能快进，按 SB6 不能快进

续表

故障开关	故 障 现 象	备 注
K27	不能快进	进给电机启动后，不能快进
K28	电磁阀不动作	进给电机启动后，按下 SB5（或 SB6），KM5 吸合，电磁阀 YA 不动作
K29	进给电机不转	进给操作时，KM3 或 KM4 能动作，但进给电机不转

3.3　T68 型卧式镗床电气控制线路及故障排除

镗床主要用于加工精确孔和各孔间距离要求较精确的零件。用于钻孔、镗孔、铰孔及加工端平面等，使用一些附件后，还可以输螺纹。

T68 型号含义：T 表示镗床；6 表示卧式；8 表示镗轴，直径 85mm。

3.3.1　T68 型卧式镗床的电气线路的工作原理

3.3.1.1　T68 型卧式镗床的主要结构

T68 型卧式镗床的结构如图 3.6 所示。

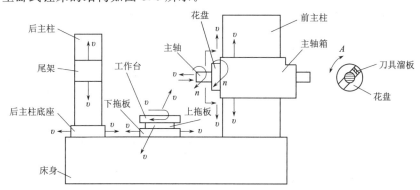

图 3.6　T68 型卧式镗床的结构

镗床在加工时，一般把工件固定在工作台上，由镗杆或花盘上固定的刀具进行加工。其主要结构如下：

（1）前主柱：主轴箱可沿它的轨道做垂直移动。

（2）主轴箱：装有主轴（其锥形孔装镗杠）变速机构，进给机构和操纵机构。

（3）反主柱：可沿床身横向移动，上面的镗杆支架可与主轴箱同步垂直移动。

（4）工作台：由下溜板，上溜板和回转工作台三层组成，下溜板可在床身轨道上做纵向移动，上溜板可在下溜板轨道上做横向移动，回转工作台可在上溜板上转动。

3.3.1.2　运动形式

（1）主运动：主轴的旋转与花盘的旋转运动。

（2）进给运动：主轴在主轴箱中的进出进给，花盘上刀具的径向进给，工作台的横向的纵向进给，主轴箱的升降。（进给运动可以进行手动或机动）

（3）辅助运动：回转工作台的转动，后主柱的水平纵向移动，镗杆支承架的垂直移动及各部分的快速移动。

1）主电动机采用双速电动机（△/YY）1M 用以拖动主运动和进给运动。

2）主运动和进给运动的速度调速采用变速孔盘机构。

3）主电动机能正反转，采用电磁阀制动。

4）主电动机低速全压启动，高速启动时，需低速启动，延时后自动转为高速。

5）各进给部分的快速移动，采用一台快速移动电动机 2M 拖动。

3.3.1.3 电气控制线路的特点

T68 型卧式镗床电气原理如图 3.7 所示。

（1）因机床主轴调速范围较大，且恒功率，主轴与进给电动机 1M 采用△/YY 双速电机。低速时，1U1、1V1、1W1 接三相交流电源，1U2、1V2、1W2 悬空，定子绕组接成三角形，每相绕组中两个线圈串联，形成的磁极对数 $P=2$；高速时，1U1、1V1、1W1 短接，1U2、1V2、1W2 端接电源，电动机定子绕组联结成双星形（YY），每相绕组中的两个线圈并联，磁极对数 $P=1$。高、低速的变换，由主轴孔盘变速机构内的行程开关 SQ7 控制，其动作说明见表 3.2。

（2）主电动机 1M 可正、反转连续运行，也可点动控制，点动时为低速。主轴要求快速准确制动，故采用反接制动，控制电器采用速度继电器。为限制主电动机的启动和制动电流，在点动和制动时，定子绕组串入电阻 R。

表 3.2　主电动机高、低速变换行程开关动作说明

触　　点	位　　　置	
	主电动机低速	主电动机高速
SQ7（11—12）	关	开

（3）主电动机低速时直接启动。高速运行是由低速启动延时后再自动转成高速运行的，以减小启动电流。

（4）在主轴变速或进给变速时，主电动机需要缓慢转动，以保证变速齿轮进入良好啮合状态。主轴和进给变速均可在运行中进行，变速操作时，主电动机便作低速断续冲动，变速完成后又恢复运行。主轴变速时，电动机的缓慢转动是由行程开关 SQ3 和 SQ5，进给变速时是由行程开关 SQ4 和 SQ6 以及速度继电器 KS 共同完成的，见表 3.3。

表 3.3　　　　　　　主轴变速或进给变速时行程开关动作说明

触　　点	变速孔盘拉出（变速时）	变速后变速孔盘推回	触　　点	变速孔盘拉出（变速时）	变速后变速孔盘推回
SQ3（4-9）	－	＋	SQ4（9-10）	－	＋
SQ3（3-13）	＋	－	SQ4（3-13）	＋	－
SQ5（15-14）	＋	－	SQ6（15-14）	＋	－

注　表中"＋"表示接通，"－"表示断开。

3.3.1.4 电气控制线路的分析

1. 主电动机的启动控制

（1）主电动机的点动控制。主电动机的点动有正向点动和反向点动，分别由按钮 SB4

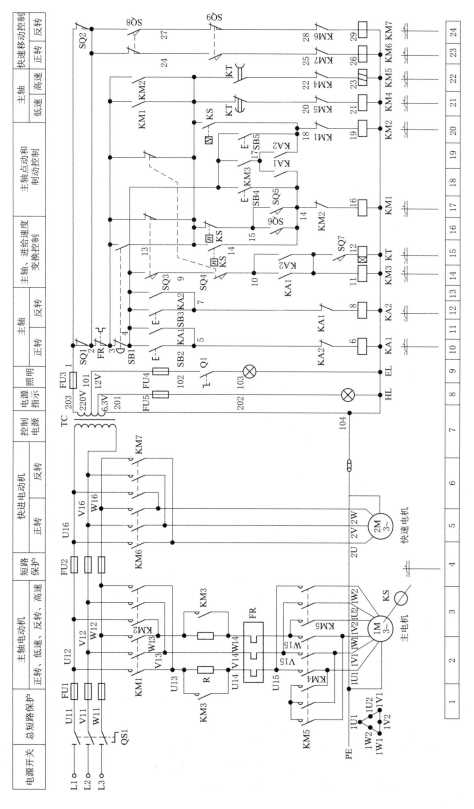

图 3.7　T68 型卧式镗床电气原理

和 SB5 控制。按 SB4 接触器 KM1 线圈通电吸合，KM1 的辅助常开触点（3－13）闭合，使接触器 KM4 线圈通电吸合，三相电源经 KM1 的主触点，电阻 R 和 KM4 的主触点接通主电动机 1M 的定子绕组，接法为三角形，使电动机在低速下正向旋转。松开 SB4，主电动机断电停止。

反向点动与正向点动控制过程相似，由按钮 SB5、接触器 KM2、KM4 来实现。

（2）主电动机的正、反转控制。当要求主电动机正向低速旋转时，行程开关 SQ7 的触点（11－12）处于断开位置，主轴变速和进给变速用行程开关 SQ3（4－9）、SQ4（9－10）均为闭合状态。按 SB2，中间继电器 KA1 线圈通电吸合，它有 3 对常开触点，KA1 常开触点（4－5）闭合自锁；KA1 常开触点（10－11）闭合，接触器 KM3 线圈通电吸合，KM3 主触点闭合，电阻 R 短接；KA1 常开触点（17－14）闭合和 KM3 的辅助常开触点（4－17）闭合，使接触器 KM1 线圈通电吸合，并将 KM1 线圈自锁。KM1 的辅助常开触点（3－13）闭合，接通主电动机低速用接触器 KM4 线圈，使其通电吸合。由于接触器 KM1、KM3、KM4 的主触点均闭合，故主电动机在全电压、定子终组三角形联结下直接启动，低速运行。

当要求主电动机为高速旋转时，行程开关 SQ7 的触点（11－12）、SQ3（4－9）、SQ4（9－10）均处于闭合状态。按 SB2 后，一方面 KA1、KM3、KM1、KM4 的线圈相继通电吸合，使主电动机在低速下直接启动；另一方面由于 SQ7（11－12）的闭合，使时间继电器 KT（通电延时式）线圈通电吸合，经延时后，KT 的通电延时断开的常闭触点（13－20）断开，线圈 KM4 断电，主电动机的定子绕组脱离三相电源，而 KT 的通电延时闭合的常开触点（13－22）闭合，使接触器 KM5 线圈通电吸合，KM5 的主触点闭合，将主电动机的定子绕组接成双星形后，重新接到三相电源，故从低速启动转为高速旋转。

主电动机的反向低速或高速的启动旋转过程与正向启动旋转过程相似，但是反向启动旋转所用的电器为按钮 SB3、中间继电器 KA2，接触器 KM3、KM2、KM4、KM5、时间继电器 KT。

2. 主电动机的反接制动的控制

当主电动机正转时，速度继电器 KS 正转，常开触点 KS（13－18）闭合，而正转的常闭触点 KS（13－15）断开。主电动机反转时，KS 反转，常开触点 KS（13－14）闭合，为主电动机正转或反转停止时的反接制动做准备。按停止按钮 SB1 后，主电动机的电源反接，迅速制动，转速降至速度继电器的复位转速时，其常开触点断开，自动切断三相电源，主电动机停转。具体的反接制动过程如下所述。

（1）主电动机正转时的反接制动。设主电动机为低速正转时，电器 KA1、KM1、KM3、KM4 的线圈通电吸合，KS 的常开触点 KS（13－18）闭合。按 SB1，SB1 的常闭触点（3－4）先断开，使 KA1、KM3 线圈断电，KA1 的常开触点（17－14）断开，又使 KM1 线圈断电，一方面使 KM1 的主触点断开，主电动机脱离三相电源，另一方面使 KM1（3－13）分断，使 KM4 断电；SB1 的常开触点（3－13）随后闭合，使 KM4 重新吸合，此时主电动机由于惯性转速还很高，KS（13－18）仍闭合，故使 KM2 线圈通电吸合并自锁，KM2 的主触点闭合，使三相电源反接后经电阻 R、KM4 的主触点接到主电动机定子绕组，进行反接制动。当转速接近零时，KS 正转常开触点 KS（13－18）断开，

KM2 线圈断电，反接制动完毕。

（2）主电动机反转时的反接制动。反转时的制动过程与正转制动过程相似，但是所用的电器是 KM1、KM4、KS 的反转常开触点 KS（13－14）。

（3）主电动机工作在高速正转及高速反转时的反接制动过程可仿上自行分析。在此仅指明，高速正转时反接制动所用的电器是 KM2、KM4、KS（13－18）触点；高速反转时反接制动所用的电器是 KM1、KM4、KS（13－14）触点。

3. 主轴或进给变速时主电动机的缓慢转动控制

主轴或进给变速既可以在停车时进行，又可以在镗床运行中变速。为使变速齿轮更好地啮合，可接通主电动机的缓慢转动控制电路。

当主轴变速时，将变速孔盘拉出，行程开关 SQ3 常开触点 SQ3（4－9）断开，接触器 KM3 线圈断电，主电路中接入电阻 R，KM3 的辅助常开触点（4－17）断开，使 KM1 线圈断电，主电动机脱离三相电源。所以，该机床可以在运行中变速，主电动机能自动停止。旋转变速孔盘，选好所需的转速后，将孔盘推入。在此过程中，若滑移齿轮的齿和固定齿轮的齿发生顶撞时，则孔盘不能推回原位，行程开关 SQ3、SQ5 的常闭触点 SQ3（3－13）、SQ5（15－14）闭合，接触器 KM1、KM4 线圈通电吸合，主电动机经电阻 R 在低速下正向启动，接通瞬时点动电路。主电动机转动转速达某一转时，速度继电器 KS 正转常闭触点 KS（13－15）断开，接触器 KM1 线圈断电，而 KS 正转常开触点 KS（13－18）闭合，使 KM2 线圈通电吸合，主电动机反接制动。当转速降到 KS 的复位转速后，则 KS 常闭触点 K（13－15）又闭合，常开触点 KS（13－18）又断开，重复上述过程。这种间歇的启动、制动，使主电动机缓慢旋转，以利于齿轮的啮合。若孔盘退回原位，则 SQ3、SQ5 的常闭触点 SQ3（3－13）、SQ5（15－14）断开，切断缓慢转动电路。SQ3 的常开触点 SQ3（4－9）闭合，使 KM3 线圈通电吸合，其常开触点（4－17）闭合，又使 KM1 线圈通电吸合，主电动机在新的转速下重新启动。

进给变速时的缓慢转动控制过程与主轴变速相同，不同的是使用的电器是行程开关 SQ4、SQ6。

4. 主轴箱、工作台或主轴的快速移动

该机床各部件的快速移动，由快速手柄操纵快速移动电动机 2M 拖动完成的。当快速手柄扳向正向快速位置时，行程开关 SQ9 被压动，接触器 KM6 线圈通电吸合，快速移动电动机 2M 正转。同理，当快速手柄扳向反向快速位置时，行程开关 SQ8 被压动，KM7 线圈通电吸合，2M 反转。

5. 主轴进刀与开作台联锁

为防止镗床或刀具的损坏，主轴箱和工作台的机动进给，在控制电路中必须互联锁，不能同时接通，它是由行程开关 SQ1、SQ2 实现。若同时有两种进给时，SQ1、SQ2 均被压动，切断控制电路的电源，避免机床或刀具的损坏。

3.3.1.5 T68 型卧式镗床电气线路的故障与维修

这里仅选一些有代表性的故障做分析和说明。

（1）主轴的转速与转速指示牌不符。这种故障一般有两种现象：一种是主轴的实际转速比标牌指示数增加或减少一半，另一种是电动机的转速没有高速挡或者没有低速挡。这两种故障现象，前者大多由于安装调整不当引起，因为 T68 型卧式镗床有 18 种转速，是采用双速电动机和机械滑移齿轮来实现的。变速后，1、2、4、6、8…挡是电动机以低速运转驱动，而 3、5、7、9…挡是电动机以高速运转驱动。主轴电动机的高低速转换是靠微动开关 SQ7 的通断来实现的，微动开关 SQ7 安装在主轴调速手柄的旁边，主轴调速机构转动时推动一个撞钉，撞钉推动簧片使做微动开关 SQ7 通或断，如果安装调整不当，使 SQ7 动作恰恰相反，则会发生主轴的实际转速比标牌指示数增加或减少一半。

后者的故障原因较多，常见的是时间继电器 KT 不动作，或微动开关 SQ7 安装的位置移动，造成 SQ7 始终处于接通或断开的状态等。如 KT 不动作或 SQ7 始终处于断开状态，则主轴电动机 1M 只有低速；若 SQ7 始终处于接通状态，则 1M 只有高速。但要注意，如果 KT 虽然吸合，但由于机械卡住或触点损坏，使常开触点不能闭合，则 1M 也不能转换到高速挡运转，而只能在低速挡运转。

（2）主轴变速手柄拉出后，主轴电动机不能冲动。产生这一故障一般有两种现象：一种是变速手柄拉出后，主轴电动机 1M 仍以原来转向和转速旋转；另一种是变速手柄拉出后，1M 能反接制动，但制动到转速为零时，不能进行低速冲动。产生这两种故障现象的原因，前者多数是由于行程开关 SQ3 的常开触点 SQ3（4 - 9）由于质量等原因绝缘被击穿造成。而后者则由于行程开关 SQ3 和 SQ5 的位置移动、触点接触不良等，使触点 SQ3（3 - 13）、SQ5（14 - 15）不能闭合或速度继电器的常闭触点 KS（13 - 15）不能闭合所致。

（3）主轴电动机。1M 不能进行正反转点动、制动及主轴和进给变速冲动控制产生这种故障的原因，往往在上述各种控制电路的公共回路上出现故障。如果伴随着不能进行低速运行，则故障可能在控制线路 13 - 20 - 21 - 0 中有断开点，否则，故障可能在主电路的制动电阻器 R 及引线上有断开点，若主电路仅断开一相电源时，电动机还会伴有缺相运行时发出的"嗡嗡"声。

（4）主轴电机正转点动、反转点动正常，但不能正反转。故障可能在控制线路 4 - 9 - 10 - 11 - KM3 线圈 - 0 中有断开点。

（5）主轴电机正转、反转均不能自锁。故可能在 4 - KM3（4 - 17）常开 - 17 中。

（6）主轴电机不能制动。可能原因有：①速度继电器损坏；②SB1 中的常开触点接触不良；③3、13、14、16 号线中有脱落或断开；④KM2（14 - 16）、KM1（18 - 19）触点不通。

（7）主轴电机点动、低速正反转及低速接制动均正常，但高、低速转向相反，且当主轴电机高速运行时，不能停机。可能的原因是误将三相电源在主轴电机高速和低速运行时，都接成同相序所致，把 1U2、1V2、1W2 中任两根对调即可。

（8）不能快速进给。故障可能在 2 - 24 - 25 - 26 - KM6 线圈 - 0 中有断路。

3.3.2　KH - T68（S）型卧式镗床电气技能实训考核装置

3.3.2.1　装置的基本配备

1. KH-JC01 电源控制面板（铝质面板）

（1）交流电源（带有漏电保护措施）。通过市电提供三相交流电源（380V）。

（2）人身安全保护体系。电压型漏电保护器：对线路出现的漏电现象进行保护，使控制屏内的接触器跳闸，切断电源。电流型漏电保护装置：控制屏若有漏电现象，漏电流超过一定值，即切断电源。

2. KH-TO1（铝质面板）

面板上安装有机床的所有主令电器及动作指示灯、机床的所有操作都在这块面板上进行，指示灯可以指示机床的相应动作。面板上印有 KH－T68 型卧式镗床立体示意图，可以很直观地看出 T68 型卧式镗床的外形轮廓。

3. KH－T68S.1B－1（铁质面板）

面板上装有断路器、熔断器、接触器、热继电器、变压器等元器件，这些元器件直接安装在面板表面，可以很直观地看它们的动作情况。

4. 三相异步电动机

两个 380V 三相鼠笼异步电动机，分别用作主轴电动机（双速）和快速移动电动机。

5. 故障开关箱

设有 32 个开关，其中 K1～K25 用于故障设置；K26～K31 开关保留；K32 作指示灯开关，用于显示机床的动作。

3.3.2.2 KH－T68（S）型卧式镗床电气技能实训考核装置的试运行操作

1. 准备工作

（1）查看装置背面各电器元件上的接线是否紧固，各熔断器是否安装良好。

（2）独立安装好接地线，设备下方垫好绝缘垫，将各开关置分断位。

（3）插上三相电源。

2. 操作试运行

（1）使装置中漏电保护部分接触器先吸合，再合上 QS1，电源指示灯亮。

（2）确认主轴变速开关 SQ3、SQ5，进给变速转换开关 SQ4、SQ6 分别处于"主轴运行"位（中间位置），然后对主轴电机、快速移动电机进行电气模拟操作。必要时也可先试操作"主轴变速冲动""进给变速冲动"。

（3）主轴电机低速正向运转。

条件：SQ7（11－12）断（实际中 SQ7 与速度选择手柄联动）。

操作：按 SB2→KA1 吸合并自锁，KM3、KM1、KM4 吸合，主轴电机 1M 按△接法低速运行。按 SB1，主轴电机制动停转。

（4）主轴电机高速正向运行。

条件：SQ7（11－12）通（实际中 SQ7 与速度选择手柄联动）。

操作：按 SB2→KA1 吸合并自锁，KM3、KT、KM1、KM4 相继吸合，使主轴电机 1M 接成"△"低速运行；延时后，KT（13－20）断，KM4 释放，同时 KT（13－22）闭合，KM5 通电吸合，使 1M 换接成 YY 高速运行。按 SB1→主轴电机制动停转。

主轴电机的反向低速、高速操作可按 SB3，参与的电器有 KA2、KT、KM3、KM2、KM4、KM5，可参照上面（3）、（4）步骤进行操作。

（5）主轴电机正反向点动操作：按 SB4 可实现电机的正向点动，参与的电器有 KM1、KM4；按 SB5 可实现电机的反向点动，参与的电器有 KM2、KM4。

（6）主轴电机反接制动操作。

当按 SB2，主轴电机 1M 正向低速运行，此时：KS（13－18）闭合，KS（13－15）

断。在按下 SB1 按钮后，KA1、KM3 释放，KM1 释放，KM4 释放，SB1 按到底后，KM4 又吸合，KM2 吸合，主轴电机 1M 在串入电阻下反接制动，转速下降至 KS（13 - 18）断，KS（13 - 15）闭合时，KM2 失电释放，制动结束。

当按 SB2，主轴电机 1M 高速正向运行，此时：KA1、KM3、KT、KM1、KM5 为吸合状态，速度经电器 KS（13 - 18）闭合，KS（13 - 15）断。

在按下 SB1 按钮后，KA1、KM3、KT、KM1 释放，而 KM2 吸合，同时 KM5 释放，KM4 吸合，电机工作于"△"下，并串入电阻反接制动至停止。

按 SB3，电机工作于低速反转或高速反转时的制动操作分析，可参照上述分析对照进行。

（7）主轴变速与进给变速时的主轴电机瞬动模拟操作。

1）主轴变速（主轴电机运行或停止均可）。

操作：将 SQ3、SQ6 置"主轴变速"位，此时主轴电机工作于间隙地启动和制动。获得低速旋转，便于齿轮啮合。电器状态为：KM4 吸合，KM1、KM2 交替吸合。将此开关复位，变速停止。

注：实际机床中，变速时，"变速机械手柄"与 SQ3、SQ5 有机械联系，变速时带动 SQ3、SQ5 动作，而后复位。

2）进给变速操作（主轴电机运行或停止均可）。

操作：将 SQ4、SQ6 置"主轴进给变速"位，电气控制与效果同上。

注：实际机床中，进给变速时，"进给变速机械手柄"与 SQ4、SQ6 开关有机械联系，变速时带动 SQ4、SQ6 动作，而后复位。

（8）主轴箱、工作台或主轴的快速移动操作。均由快进电机 2M 拖动，电机只工作于正转或反转，由行程开关 SQ9、SQ8 完成电气控制。

注：实际机床中，SQ9、SQ8 均有"快速移动机械手柄"连动，电机只工作于正转或反转，拖动均有机械离合器完成。

（9）SQ1、SQ2 为互锁开关，主轴运行时，同时压动，电机即为停转；压动其中任一个，电机不会停转。

注：装置初次试运行时，可能会出现主轴电机 1M 正转、反转均不能停机的现象，这是由于电源相序接反引起，此时应马上切断电源，把电源相序调换即可。

3.3.2.3　KH - T68（S）型卧式镗床电气控制线路故障图及排除实习训练指导

1. 实习内容

（1）用通电试验方法发现故障现象，进行故障分析，并在电气原理图中用虚线标出最小故障范围。

（2）按图排除 T68 型卧式镗床主电路或电磁吸盘电路中，人为设置的两个电气自然故障点。故障开关设置如图 3.8 所示。

2. 电气故障的设置原则

（1）人为设置的故障点，必须是模拟机床在使用过程中，由于受到振动、受潮、高温、异物侵入、电动机负载及线路长期过载运行、启动频繁、安装质量低劣和调整不当等原因造成的"自然"故障。

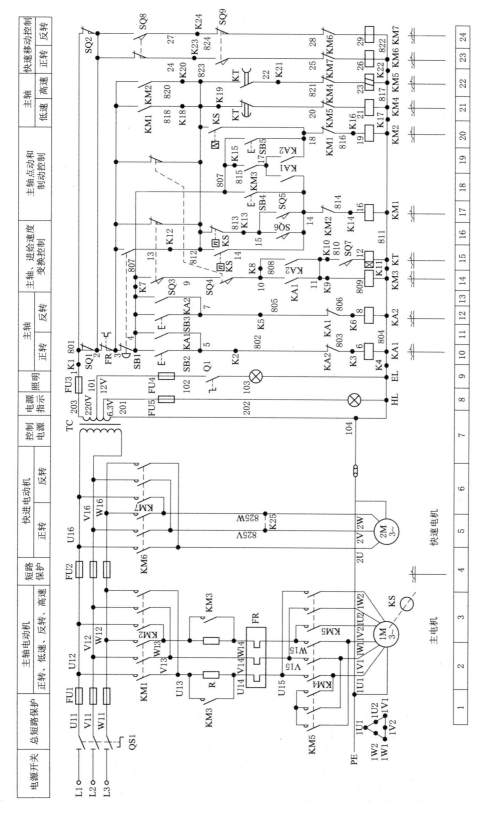

图 3.8 KH-T68（S）型卧式镗床电气技能实训考核装置故障开关设置

（2）切忌设置改动线路、换线、更换电器元件等由于人为原因造成的非"自然"的故障点。

（3）故障点的设置，应做到隐蔽且设置方便，除简单控制线路外，两处故障一般不宜设置在单独支路或单一回路中。

（4）对于设置一个以上故障点的线路，其故障现象应尽可能不要相互掩盖。否则学生在检修时，虽然检查思路尚清楚，但检修到定额时间的 2/3 还不能查出一个故障点时，可做适当的提示。

（5）应尽量不设置容易造成人身或设备事故的故障点，如有必要时，教师必须在现场密切注意学生的检修动态，随时做好采取应急措施的准备。

（6）设置的故障点，必须与学生应该具有的修复能力相适应。

3.3.2.4　故障开关与对应故障现象

故障开关与对应故障现象见表 3.4。

表 3.4　　　　　　　　　　　　故障开关与对应故障现象

故障开关	故　障　现　象	备　　注
K1	机床不能启动	主轴电动机、快速移动电动机都无法启动
K2	主轴正转不能启动	按下正转启动按钮无任何反应
K3	主轴正转不能启动	按下正转启动按钮无任何反应
K4	机床不能启动	主轴电动机、快速移动电动机都无法启动
K5	主轴反转不能启动	按下反转启动按钮无任何反应
K6	主轴反转不能启动	按下反转启动按钮无任何反应
K7	主轴正转不能启动	正转启动，KA1 吸合，其他无动作；反转启动，KA2 吸合，其他无动作
K8	反转启动只能点动	正转启动正常，按下 SB3 反转启动时只能点动
K9	主轴不能启动	正转启动，KA1 吸合，其他无动作；反转启动，KA2 吸合，其他无动作
K10	主轴无高速	选择高速时，KT、KM5 无动作
K11	主轴、快速移动电动机不能启动	正转启动，KA1、KM3 吸合，其他无动作；反转启动，KA2、KM3 吸合，其他无动作；按下 SQ8、SQ9 无任何反应
K12	停止无制动	
K13	停止无制动	
K14	主轴电机不能正转	反转正常
K15	主轴只能电动控制	正、反不能启动，只能电动控制
K16	主轴电机不能反转	正转正常
K17	主轴、快速电机不能启动	KM4、KM5 不能吸合；按 SQ8、SQ9 无反应
K18	主轴正转只能点动	KM4（低速）、KM5（高速）不能保持
K19	主轴无高速	KT 动作，KM4 不会释放，KM5 不能吸合
K20	主轴反转只能点动	KM4（低速）、KM5（高速）不能保持

续表

故障开关	故　障　现　象	备　　注
K21	主轴无高速	KT 动作，KM4 释放，KM5 不能吸合
K22	不能快速移动	主轴正常
K23	快速电机不能正转	
K24	快速电机不能反转	
K25	快速电机不转	KM6、KM7 能吸合，但电机不转

3.4　M7130K 平面磨床电气控制线路及故障排除

　　平面磨床主要以砂轮旋转研磨工件以使其可达到要求的平整度，M7130K 平面磨床是卧式矩形工作台平面磨床，其主参数为工作台宽度及长度。

3.4.1　M7130K 平面磨床的电气线路的工作原理

3.4.1.1　主要结构及运动形式

　　M7130K 平面磨床是卧轴矩形工作台式，主要由床身、工作台、电磁吸盘、砂轮箱（又称磨头）、滑座和立柱等部分组成，如图 3.9 所示。

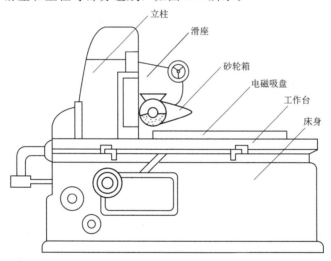

图 3.9　M7130K 平面磨床结构示意图

　　主运动是砂轮的旋转运动。进给运动有垂直进给（滑座在立柱上的上、下运动），横向进给（砂轮箱在滑座上的水平移动），纵向运动（工作台沿床身的往复运动）。工作时，砂轮做旋转运动并沿其轴向做定期的横向进给运动。工件固定在工作台上，工作台做直线往返运动。矩形工作台每完成一纵向行程时，砂轮做横向进给，当加工整个平面后，砂轮做垂直方向的进给，以此完成整个平面的加工。

3.4.1.2　平面磨床的电力拖动特点及控制要求

　　磨床的砂轮主轴一般并不需要较大的调速范围，所以采用笼型异步电动机拖动。为达到减小体积、结构简单及提高机床精度，减少中间传动，采用装入式异步电动机直接拖动砂轮，这样电动机的转轴就是砂轮轴。

由于平面磨床是一种精密机床，为保证加工精度采用了液压传动。采用一台液压泵电动机，通过液压装置以实现工作台的往复运动和砂轮横向的连续与断续进给。

为在磨削加工时对工件进行冷却，需采用冷却液冷却，由冷却泵电动机拖动，为提高生产率及加工精度，磨床中广泛采用多电动机拖动，使磨床有最简单的机械传动系统。所以 M7130K 平面磨床采用三台电动机：砂轮电动机、液压泵电动机和冷却泵电动机进行分别拖动。

基于上述拖动特点，对其自动控制有如下要求。

（1）砂轮电动机、液压泵电动机和冷却泵电动机都只要求单方向旋转。

（2）冷却泵电动机随砂轮电动机运转而运转，但冷却泵电动机不需要时，可单独断开冷却泵电动机。

（3）具有完善的保护环节。各电路的短路保护，电动机的长期过载保护，零压保护，电磁吸盘的欠电流保护，电磁吸盘断开时产生高电压而危及电路中其他电气设备的保护等。

（4）保证在使用电磁吸盘的正常工作时和不用电磁吸盘在调整机床工作时，都能开动机床各电动机。但在使用电磁吸盘的工作状态时，必须保证电磁吸盘吸力足够大时，才能开动机床各电动机。

（5）具有电磁吸盘吸持工件、松开工件，并使工件去磁的控制环节。

（6）必要的照明与指示信号。

3.4.1.3 电气控制线路分析

M7130K 平面磨床电气控制原理如图 3.10 所示。

整个电气控制线路按功能不同可分为主电路分析、电动机控制电路与电磁吸盘控制电路三部分。

1. 主电路分析

电源由总开关 OS1 引入，为机床开动做准备。整个电气线路由熔断器 FU1 做短路保护。

主电路中有 3 台电动机，M1 为砂轮电动机，M2 为冷却泵电动机，M3 为液压泵电动机。冷却泵电动机和砂轮电动机同时工作，同时停止，共用接触器 KM1 来控制，液压泵电动机由接触器 KM2 米控制。M1、M2、M3 分别由 FR1、FR2、FR3 实现过载保护。

2. 电动机控制电路

控制电路采用交流 380V 电压供电，由熔断器 FU2 做短路保护。控制电路只有在触点（3-4）接通时才能起作用，而触点（3-4）接通的条件是转换开关 SA2 扳到触点（3-4）接通位置（即 SA2 置"退磁"位置），或者欠电流继电器 KI 的常开触点（3-4）闭合时（即 SA2 置"充磁"位置，且流过 KI 线圈电流足够大，电磁吸盘吸力足够时）。言外之意，电动机控制电路只有在电磁吸盘去磁情况下，磨床进行调整运动及不需电磁吸盘夹持工件时，或在电磁吸盘充磁后正常工作，且电磁吸力足够大时，才可启动电动机。

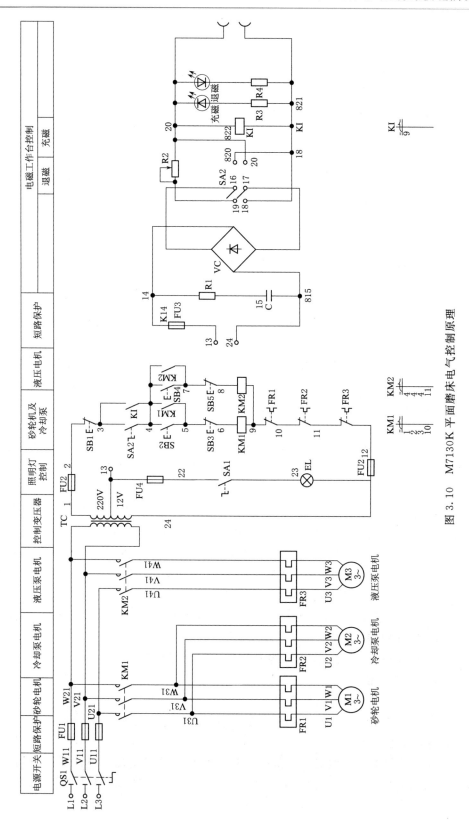

图 3.10 M7130K 平面磨床电气控制原理

按下启动按钮 SB2，接触器 KM1 因线圈通电而吸合，其常开辅助触点（4－5）闭合进行自锁，砂轮电动机 M1 及冷却泵电动机 M2 启动运行。按下启动按钮 SB4 接触器 KM2 因线圈通电而吸合，其常开辅助触点（4－7）闭合进行自锁，液压泵电动机启动运转。SB3 和 SB5 分别为它们的停止按钮。

3. 电磁吸盘控制电路

电磁吸盘用来吸住工件以便进行磨削，它比机械夹紧迅速、操作快速简便不损伤工件、一次能吸许多个小工件，以及磨削中工件发热可自由伸缩、不会变形等优点。不足之处是只能对导磁性材料如钢铁等的工件才能吸住。对非导磁性材料如铝和铜的工件没有吸力。电磁吸盘的线圈通的是直流电，不能用交流电，因为交流电会使工件振动和铁芯发热。

电磁吸盘的控制线路可分成三部分：整流装置、转换开关和保护装置。整流装置由控制变压器 TC 和桥式整流器 VC 组成，提供直流电压。

转换开关 SA2 是用来给电磁吸盘接上正向工作电压和反向工作电压的。它有"充磁""放松"和"退磁"三个位置。当磨削加工时转换开关 SA2 扳到"充磁"位置，SA2（16－18）、SA2（17－20）接通，SA2（3－4）断开，电磁吸盘线圈电流方向从下到上。这时，因 SA2（3－4）断开，由 K 的触点（3－4）保持 KM1 和 KM2 的线圈通电。若电磁吸盘线圈断电或电流太小吸不住工件，则欠电流继电器 KI 释放，其常开触点（3－4）也断开，各电动机因控制电路断电而停止。否则，工件会因吸不牢而被高速旋转的砂轮碰击而飞出，可能造成事故。当工件加工完毕后，工件因有剩磁而需要进行退磁，故需再将 SA2 扳到"退磁"位置，这时 SA2（16－19）、SA2（17－18）、SA2（3－4）接通。电磁吸盘线圈通过了反方向（从上到下）的较小（因串入 R2）电流进行去磁。去磁结束，将 SA2 扳回到"松开"位置（SA2 所有触点均断开），就能取下工件。

如果不需要电磁吸盘，将工件夹在工作台上，则可将转换开关 SA2 扳到"退磁"位置，这时 SA2 在控制电路中的触点（3－4）接通，各电动机就可以正常启动。电磁吸盘控制线路的保护装置有：①欠电流保护，由 KI 实现；②电磁吸盘线圈的过电压保护，由并联在线圈两端放电电阻实现（图中未画上）；③短路保护，由 FU3 实现；④整流装置的过电压保护。由 14、24 号线间的 R1、C 来实现。

照明电路由照明变压器 TC 降压后，经 SA1 供电给照明灯 EL，在照明变压器副边设有熔断器 FU4 做短路保护。

3.4.2　KH－M7130K（S）平面磨床电气技能实训考核装置

3.4.2.1　装置的基本配备

1. KH-JC01 电源控制面板（铝质面板）

（1）交流电源（带有漏电保护措施）。通过市电提供三相交流电源（380V）。

（2）人身安全保护体系。

电压型漏电保护器：对线路出现的漏电现象进行保护，使控制屏内的接触器跳闸，切断电源。电流型漏电保护装置：控制屏若有漏电现象，漏电流超过一定值，即切断电源。

2. KH－M01（铝质面板）

面板上安装有机床的所有主令电器及动作指示灯，机床的所有操作都在这块面板上进行，指示灯可以指示机床的相应动作。

面板上印有 KH－M7130K 平面磨床示意图，可以很直观地看出 KH－M7130K 平面磨床的外形轮廓。

3. KH－M03（铁质面板）

面板上装有断路器、熔断器、接触器、热继电器、变压器等元器件，这些元器件直接装在面板表面，可以很直观地看它们的动作情况。

4. 三相鼠笼异步电动机

3 个 380V 三相鼠笼异步电动机，分别用作砂轮电动机、冷却泵电动机和液压泵电动机。

5. 故障开关箱

故障开关箱设有 32 个开关，其中 K1～K24 用于故障设置；K25～K31 保留；K32 用作指示灯开关，可以用来设置机床动作指示与不指示。

3.4.2.2　KH－M7130K 平面磨床电气模拟装置的试运行操作

1. 准备工作

（1）查看装置背面各电器元件上的接线是否牢固，各熔断器是否安装良好。

（2）独立安装好接地线，设备下方垫好绝缘垫，将各开关置分断位。

（3）插上三相电源。

2. 操作试运行

（1）使装置中漏电保护部分接触器先吸合，再合上 QS1，电源指示灯亮。

（2）转动 SA1，照明灯 EL 亮；把 SA2 扳到"充磁"位置，KI 吸合，充磁指示灯亮。

（3）按 SB2 砂轮电动机 M1 及冷却泵电动机 M2 转动；按 SB4，液压泵电机 M3 转动，SB3 为 M1、M2 两台电机的停止按钮，SB5 为 M3 的停止按钮，SB1 可同时关停 M1、M2、M3。若 M1、M2、M3 在运转过程中把 SA2 扳到中间"放松"位置，电机即会停转。

（4）把 SA2 扳到"退磁"位置，退磁指示灯亮，此时也可如（3）中所述正常启、停 M1、M2、M3。

3.4.2.3　KH－M7130K 电气控制线路故障图及排除实习训练指导

1. 实习内容

（1）用通电试验方法发现故障现象，进行故障分析，并在电气原理图中用虚线标出最小故障范围。

（2）按图排除 KH－M7130K 平面磨床主电路或电磁吸盘电路中，人为设置的两个电气自然故障点。

2. 电气故障的设置原则

（1）人为设置的故障点，必须是模拟机床在使用过程中，由于受到振动、受潮、高温、异物侵入、电动机负载及线路长期过载运行、启动频繁、安装质量低劣和调整不当等原因造成的"自然"故障。故障点开关位置如图 3.11 所示。

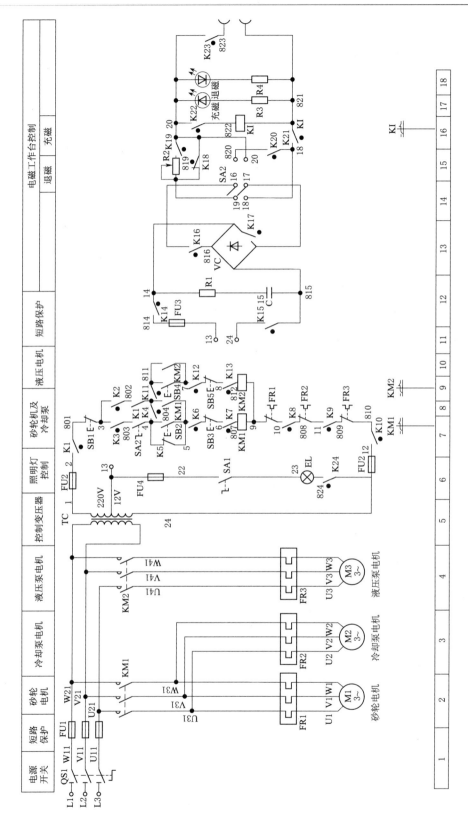

图 3.11 M7130K 平面磨床电气控制故障点设置

（2）切忌设置改动线路、换线、更换电器元件等由于人为原因造成的非"自然"的故障点。

（3）故障点的设置，应做到隐蔽且设置方便，除简单控制线路外，两处故障般不宜设置在单独支路或单一回路中。

（4）对于设置一个以上故障点的线路，其故障现象应尽可能不要相互掩盖。否则学生在检修时，虽检查思路尚清楚，但检修到定额时间的 2/3 还不能查出一个故障点时，可做适当的提示。

（5）应尽量不设置容易造成人身或设备事故的故障点，如有必要，教师必须在现场密切注意学生的检修动态，随时做好采取应急措施的准备。

（6）设置的故障点，必须与学生应该具有的修复能力相适应。

3. 实习步骤

（1）先熟悉原理，再进行正确的通电试车操作。

（2）熟悉电器元件的安装位置，明确各电器元件作用。

（3）教师示范故障分析检修过程（故障可人为设置）。

（4）教师设置让学生知道的故障点，指导学生如何从故障现象着手进行分析，逐步引导到采用正确的检查步骤和检修方法。

（5）教师设置人为的自然故障点，由学生检修。

4. 实习要求

（1）学生应根据故障现象，先在原理图中正确标出最小故障范围的线段，然后采用正确的检查和排故方法并在定额时间内排除故障。

（2）排除故障时，必须修复故障点，不得采用更换电器元件、借用触点及改动线路的方法，否则，做不能排除故障点扣分。

（3）检修时，严禁扩大故障范围或产生新的故障，并不得损坏电器元件。

5. 操作注意事项

（1）设备应在指导教师指导下操作，安全第一。设备通电后，严禁在电器侧随意扳动电器件。进行排故训练，尽量采用不带电检修，若带电检，则必须有指导教师在现场监护。

（2）必须安装好各电机、支架接地线、设备下方垫好绝缘橡胶垫，厚度不小于 8mm，操作前要仔细查看各接线端，有无松动或脱落，以免通电后发生意外或损坏电器。

（3）在操作中若发出不正常声响，应立即断电，查明故障原因待修。故障噪声主要来自电机缺相运行，接触器、继电器吸合不正常等。

（4）发现熔芯熔断，应找出故障后，方可更换同规格熔芯。

（5）在维修设置故障中不要随便互换线端处号码管。

（6）操作时用力不要过大，速度不宜过快；操作频率不宜过于频繁。

（7）实习结束后，应拔出电源插头，将各开关置分断位。

（8）做好实习记录。

3.4.2.4　故障开关与对应故障现象

故障开关与对应故障现象见表 3.5。

表 3.5 故障开关与对应故障现象

故障开关	故 障 现 象	备 注
K1	机床不能启动	
K2	砂轮电机不能启动	充磁时，砂轮电机不能启动；退磁时，砂轮电机可以启动
K3	退磁时，砂轮电机不能启动	充磁时，砂轮电机可以启动；退磁时，砂轮电机不能启动
K4	退磁时，砂轮电机只能点动；充磁时，砂轮电机不能启动	
K5	砂轮电机自行启动	电磁吸盘充磁或者退磁时，砂轮电机自行启动
K6	砂轮电机不能启动	充磁、退磁砂轮电机都不能启动
K7	砂轮电机不能启动	充磁、退磁砂轮电机都不能启动
K8	机床不能启动	
K9	机床不能启动	
K10	机床不能启动	
K11	液压泵不能启动	
K12	液压泵不能启动	
K13	液压泵不能启动	表现为充磁或退磁时，电磁吸盘工作指示灯不亮
K14	电磁吸盘不能工作	表现为充磁或退磁时，电磁吸盘工作指示灯不亮
K15	电磁吸盘不能工作	表现为充磁或退磁时，电磁吸盘工作指示灯不亮
K16	电磁吸盘不能工作	表现为充磁或退磁时，电磁吸盘工作指示灯不亮
K17	电磁吸盘吸力不足	电磁吸盘充磁时，表现为电磁吸盘工作指示灯亮度不够
K18	退磁效果不好	电磁吸盘退磁时，表现为电磁吸盘工作指示灯亮度很亮
K19	电磁吸盘不能退磁	表现为退磁时，电磁吸盘工作指示灯不亮
K20	电磁吸盘不能充磁	表现为充磁时，电磁吸盘工作指示灯不亮
K21	电磁吸盘不能工作	表现为充磁或退磁时，电磁吸盘工作指示灯不亮
K22	充磁时，砂轮电机不能启动	
K23	电磁吸盘不工作	充磁（或退磁）时，充磁（退磁）指示灯亮，电磁吸盘工作指示灯不亮
K24	照明灯灯不亮	

参 考 文 献

［1］　尹泉，周永鹏，李浚源. 电机与电力拖动基础［M］. 武汉：华中科技大学出版社，2013.
［2］　巢云. 电工电子实习教程［M］. 2 版. 南京：东南大学出版社，2014.
［3］　薛向东，黄种明. 电工电子实训教程［M］. 北京：电子工业出版社，2014.
［4］　熊幸明. 电工电子实训教程［M］. 北京：清华大学出版社，2007.
［5］　赵勇，胡建平. 电机与电气控制技术［M］. 成都：西南交通大学出版社，2017.
［6］　路文娟，陈华林. 表面贴装技术（SMT）［M］. 北京：人民邮电出版社，2013.